办公自动化教程

（第 2 版）

主　编　刘韶丽

副主编　贝静静　付艳萍　张玉莲

参　编　朱希奇　孙　超　叶永正

主　审　冯金鑫　李　娜

北京理工大学出版社
BEIJING INSTITUTE OF TECHNOLOGY PRESS

内 容 简 介

本书系统介绍了办公自动化的核心技能，结合真实案例，以任务驱动的方式，帮助读者在实践中掌握操作技巧，提升信息处理与协作能力。

全书分为六大模块，包括认识办公自动化、文字处理、表格数据管理、演示文稿制作、协作办公、认识办公设备。全书图文并茂、步骤清晰，配套案例数据、课件及操作视频。本书可供希望提升办公效率与信息化应用水平的读者参考使用。

版权专有　侵权必究

图书在版编目（CIP）数据

办公自动化教程 / 刘韶丽主编. --2 版. --北京 ：
北京理工大学出版社，2025.1.
ISBN 978-7-5763-4946-7

Ⅰ. C931.4

中国国家版本馆 CIP 数据核字第 2025Z6U076 号

责任编辑：王玲玲		**文案编辑**：王玲玲	
责任校对：刘亚男		**责任印制**：施胜娟	

出版发行 / 北京理工大学出版社有限责任公司

社　　址 / 北京市丰台区四合庄路 6 号

邮　　编 / 100070

电　　话 / (010) 68914026（教材售后服务热线）
　　　　　　 (010) 63726648（课件资源服务热线）

网　　址 / http://www.bitpress.com.cn

版 印 次 / 2025 年 1 月第 2 版第 1 次印刷

印　　刷 / 定州启航印刷有限公司

开　　本 / 889 mm×1194 mm　1/16

印　　张 / 13.25

字　　数 / 271 千字

定　　价 / 85.00 元

图书出现印装质量问题，请拨打售后服务热线，负责调换

前言 Preface

随着信息技术和网络技术的不断发展，办公自动化已成为现代企事业单位提升效率、降低成本的重要手段。熟练掌握办公软件与硬件的使用，不仅是职场人士的必备能力，也有助于提升个人在信息化环境下的竞争力。

本书以我国自主研发的 WPS 系列办公软件为例，结合典型办公情境与真实案例，系统介绍了办公自动化的基础知识、常用软件的应用方法及常见硬件设备的操作技巧。内容涵盖文档处理、表格数据管理、演示文稿制作、协作办公以及办公设备使用等方面，并注重网络办公业务的深入探讨与实践训练，帮助读者在模拟和实战中掌握操作技能，提升信息处理与协作能力。

在编写过程中，作者团队结合多年的教学与企业培训经验，参考了多家企事业单位的典型办公案例，并根据最新技术发展趋势，对案例进行了优化和改编。全书结构清晰、图文并茂，操作步骤详尽易懂，适合自学，也便于在培训或课程中使用。

本书在设计上突出了以下特点：

1. 贴近实际：结合企业真实办公场景，选取具有代表性的案例，确保内容与岗位需求高度契合。

2. 任务驱动：通过项目化、案例化的方式，引导读者在实际操作中掌握技能。

3. 资源丰富：配套教学课件、操作视频、案例数据文件等资源，方便不同环境下的学习与应用。

4. 职业素养渗透：在案例和素材中融入职业道德、团队协作、工匠精神等元素，帮助读者在技能提升的同时完善职业素养。

　　本书由山东省潍坊商业学校刘韶丽主编，贝静静、付艳萍、朱希奇、张玉莲、孙超等老师及山东润达信息技术有限公司叶永正总监共同参与编写，在此也感谢参与调研与提供宝贵意见的企业专家们。在成书过程中，我们力求内容准确、案例实用，但受时间与水平所限，书中仍难免存在不足，诚挚欢迎读者提出宝贵意见，以帮助我们不断改进。

编　者

ontents
目录

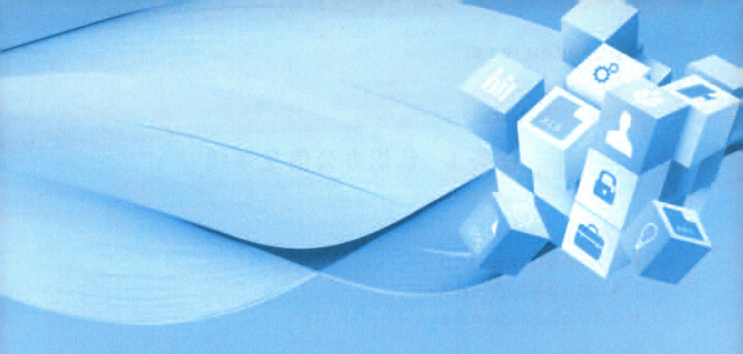

模块 1　认识办公自动化

模块导读

　　办公自动化（Office Automation，OA）是一种将现代化办公和计算机技术、网络通信技术、人工智能技术、大数据等技术相结合的新型办公方式。

　　本模块主要任务是认识办公信息系统和 WPS Office 2019 办公软件，通过办公自动化不仅可以实现无纸化办公，而且可以提高个人或团队办公效率，提升办公质量。

　　本模块主要认识办公信息系统和 WPS Office 2019 软件。

本模块任务一览表

任务	关联的知识、技能点	建议课时	备注
任务 1　认识办公信息系统	办公自动化特点、办公自动化技术支持、办公信息系统的组成	2	每个任务都可通过扫描二维码获得视频解说
任务 2　初识 WPS Office 2019 办公软件	WPS Office 2019 窗口管理模式切换、外观设置、自定义功能区设置	2	

任务 1　认识办公信息系统

知识目标

1. 了解办公自动化的概念及特点；
2. 掌握办公自动化的相关技术支持；
3. 掌握办公信息系统组成要素。

能力目标

1. 会使用办公自动化相关技术；
2. 会办公信息系统的软件操作；
3. 会办公信息系统的硬件操作。

素养目标

1. 熟悉办公自动化相关技术，提升办公实践能力；
2. 熟练掌握办公操作，提高岗位适应能力和信息素养。

 **情境导入**

　　小程刚入职一家网络科技有限公司，为了让小程尽快适应工作岗位，部门主管提出了几个问题：什么是办公自动化？办公信息系统由哪些方面组成？让我们一起跟着小程学起来吧。

知识准备

1. 办公自动化发展历程

第一阶段：1980—1999 年，文件型办公自动化

以个人计算机、办公套件为主要标志，最早的办公自动化从 MS Office 等单机版的办公应用软件开始，实现了由手工办公到电脑办公的转变，在当时被称作"无纸化办公"。

1-1-1　办公自动化发展视频

第二阶段：2000—2005 年，协同型办公自动化

以网络技术和协同工作为主要特征，实现工作流程自动化，此时办公自动化的主要任务是内部消息的发布与传递、工作流的管理、档案资料的管理，用户可以通过网络技术提高办公的自由度，从而提高组织管理工作运行的效率和质量。

第三阶段：2006—2010年，知识型办公自动化

这一阶段形成了以"知识管理"为主要思想、以"协同"为工作方式、以"门户"为技术手段，整合了信息资源的"知识型办公自动化"。

第四阶段：2011年至今，智能型办公自动化

随着组织流程的改进、知识的积累和应用以及技术的创新与提升，办公自动化进入了智能化时代。此阶段办公自动化关注组织的决策效率，提供决策支持、知识挖掘、商业智能等服务。

2. 办公自动化未来趋势

（1）移动办公

随着智能移动终端的快速发展，移动办公也成为一种趋势，通过移动设备，用户可以随时随地审批流程、发送邮件、工作会议等，不再完全依赖PC。移动办公的发展会进一步提高工作效率和灵活性。

（2）云端办公

云端办公是基于云计算的办公自动化，它是将办公软件、数据存储和应用软件部署到云端。云端办公不仅能够实现办公数据的共享与协作，还能提高安全性和可靠性。

任务分析

刚入职场的小程，为了能够快速适应工作岗位，开启了办公自动化自学之旅，学习内容如下：

①办公自动化的特点。

②办公自动化相关技术支持。

③办公信息系统的组成。

任务实施

1. 办公自动化的特点

❖ 集成化：软硬件及网络产品的集成、人与系统的集成、单一办公系统同社会公众信息系统的集成，组成了"无缝集成"的开放式系统。

❖ 智能化：面向日常事务处理，辅助人们完成智能性劳动，如汉字识别、辅助决策处理等。

❖ 多媒体：包括对数字、文字、图像、声音和动画的综合处理。

❖ 运用电子数据交换：通过数据通信网，采用标准协议及数据格式，实现数据交换和处理。

2. 办公自动化相关技术支持

1）网络通信技术

网络通信技术（Network Communication Technology，NCT）是指通过计算机和网络通信设

备对图形和文字等形式的资料进行采集、存储、处理和传输等，使信息资源达到充分共享的技术。随着计算机网络技术和移动通信的发展，网络通信技术经历了几个发展时期，已经逐步实现网络融合、万物互联。

1-1-2　网络通信设备介绍视频

第一时期，远程终端联机系统。不同地理位置的计算机通过中央处理机连接起来，中央处理机的功能十分强大，包括运算、收集指令和存储等功能。中央处理机的运行速度受到计算机连接数量的影响，系统中的计算机越多，处理机的运行速度越慢。此时期中心主机尚不能与各用户同时通信，各用户操作的终端也不具备独立的数据处理能力，不能实现资源共享。

第二时期，20世纪60年代兴起了计算机—计算机网络，这一时期系统的特点是分散交换和控制、资源多向共享、网络分层协议，各生产厂家标准没有得到统一，所以这个系统具有独立和封闭的特点，网络的信息共享和互通不能得到最大限度的实现。

第三时期，20世纪80年代出现了标准化的网络，人们已经意识到了网络体系结构与网络协议的多样化对计算机网络自身发展和应用的限制，并将研究重心逐渐放到了网络体系结构与网络协议国际化标准的建立与应用工作上。

第四时期，20世纪90年代是网络互联、信息共享时代，信息高速公路在美国建设之后，世界各国开始建立了自己的国家信息基础工程（NID）。现在全球的网络与通信技术核心为互联网，通过互联网，全球的资源得到了共享。

第五时期，移动通信。移动通信技术经历了1G、2G、3G、4G、5G和目前正在研究的6G时代，极大地推动了网络通信的发展。

第六时期，无线、宽带、安全、融合、泛在网络。无线通信是网络通信技术的变革方向，经过多年的发展，无线技术已经日渐成熟，应用广泛。

第七时期，网络融合，万物互联。随着互联网科技的不断进步和万物互联的逐渐普及，我们的世界正发生着翻天覆地的变化。万物互联将成为通信网络技术发展趋势。

2）物联网技术

物联网是指通过传感设备，将任意物体与网络进行连接，实现物体之间的信息交换与通信。在物联网中常用的关键技术如下：

（1）传感器技术

通过传感器的技术，可以感知周围环境或者特殊物质，比如气体感知、光线感知、温湿度感知、人体感知等，把模拟信号转化成数字信号，给中央处理器处理。最终结果形成气体浓度参数、光线强度参数、范围内是否有人探测、温度/湿度数据显示出来。

（2）RFID

无线射频识别即射频识别技术（Radio Frequency Identification，RFID），是自动识别技术的一种，通过无线射频方式进行非接触双向数据通信，利用无线射频方式对记录媒体（电子标签或射频卡）进行读写，从而达到识别目标和数据交换的目的，其被认为是 21 世纪最具发展潜力的信息技术之一。

3）大数据技术

大数据技术是指对数据进行采集、清洗、存储、分析、显示等过程中使用的技术，常用的关键技术如下：

（1）HDFS

1-1-3　大数据技术发展视频

HDFS（Hadoop Distributed Filesystem）是一个易于扩展的分布式文件系统，运行在成百上千台低成本的机器上。HDFS 具有高度容错能力，旨在部署在低成本机器上。HDFS 主要用于对海量文件信息进行存储和管理，也就是解决大数据文件（如 TB 乃至 PB 级）的存储问题，是目前应用最广泛的分布式文件系统。

（2）MapReduce

MapReduce 是一个并行计算与运行软件框架（Software Framework）。它提供了一个庞大但设计精良的并行计算软件框架，能自动完成计算任务的并行化处理，自动划分计算数据和计算任务，在集群节点上自动分配和执行任务以及收集计算结果，将数据分布存储、数据通信、容错处理等并行计算涉及的很多系统底层的复杂细节交由系统负责处理。

4）云计算技术

云计算（Cloud Computing）是分布式计算的一种，指的是通过网络"云"将巨大的数据计算处理程序分解成无数个小程序，然后通过多部服务器组成的系统进行处理和分析这些小程序，得到结果并返回给用户。

（1）虚拟化

虚拟化是一种部署计算资源的方法。它分离了应用系统的不同层次，包括硬件、软件、数据、网络、存储等，打破了数据中心、服务器、存储、网络、数据和物理设备之间的划分，实现了动态架构，实现了物理资源和虚拟资源的集中管理和动态使用，提高系统的灵活性，降低成本，改进服务，降低管理风险。

（2）数据存储技术

云计算一般都是通过分布式存储的手段来进行数据存储，同时，在冗余式存储的支持下，能够提高数据保存的可靠性，这样就能让数据同时存在多个存储副本，更加提高了数据的安全性。在现有的云计算数据存储中，主要是通过两种技术来进行数据存储，即非开源的 GFS 和开源的 HDFS。

3. 办公信息系统

办公信息系统主要由硬件系统和软件系统组成，硬件系统主要包括主机、外存、内存、显示器、网卡、显卡等设备，软件系统主要是指安装在硬件上的应用程序。

（1）硬件系统

1-1-4　硬件系统介
绍视频

❖ CPU：CPU 也就是中央处理器，计算机的运算和控制中心。

❖ 主板：主板上集成了各种电子原件、硬件插槽、配件接口等，通过主板将计算机其他硬件连接起来，统一协调硬件工作的平台。

❖ 内存储器：计算机中正在运行的程序和数据都临时存储在内存储器。

❖ 外存储器：指除计算机内存及 CPU 缓存以外的存储器，常见的外存储器有硬盘、软盘、光盘、U 盘等。

❖ 网卡：又称为网络适配器，网卡分为独立网卡和集成网卡两种，用于网络和计算机之间接收、发送数据信息的硬件设备。

❖ 显卡：又称为显示图形加速卡，主要用于计算机中图形的处理与显示。

❖ 显示器：计算机重要的输出设备，显示器将接收计算机的信号并形成图像显示。

❖ 鼠标：计算机的外接输入设备，也是计算机显示系统纵、横坐标定位的指示器。

❖ 键盘：计算机重要的输入设备，通过键盘将字母、汉字、符号等输入计算机中，从而向计算机发出指令。

（2）软件系统

❖ 系统软件：是指控制和协调计算机及外部设备、支持应用软件开发和运行的系统，是无须用户干预的各种程序的集合，主要功能是调度、监控和维护计算机系统。

❖ 应用软件：是和系统软件相对应的，是用户可以使用的各种程序设计语言，以及用各种程序设计语言编制的应用程序的集合，分为应用软件包和用户程序。

根据学习任务的完成情况，对照"观察点"列举的内容进行自评或互评。"观察点"内容可视实际情况在老师引导下拓展。

观察点	☺	😐	☹
办公自动化的特点			
识别办公自动化相关技术			
识别办公自动化硬件			
识别办公自动化软件			

本任务主要介绍了办公自动化的基础知识，包括办公自动化的特点、办公自动化相关技

术支持、办公信息系统，通过本任务的学习，使同学们对办公自动化有一定的了解，有利于后续文字处理和表格数据管理操作。

1. 办公自动化平台基础架构

办公自动化平台基于分层、标准和构件等进行架构，平台架构遵循 JEE 标准、SOA 标准、WFMC 标准、JSR168、WSRP 等标准。办公自动化平台架构支持多种部署模式、多种操作系统、各种数据库和中间件，并具备完备的配置体系、接口体系和插件体系。

办公自动化平台架构底层是硬件、操作系统及服务器群。底层之上通常采用 5 层架构：数据库层、服务层、应用层、表现层和用户层。数据库层主要包括关系数据库和非关系数据库。服务层包括提供服务的各种引擎、工具或接口。数据库层与服务层之间部署各种中间件。应用层包括公文管理、流程规范等各种办公应用系统与各种业务系统。表现层主要包括各种信息门户。用户层包括浏览器、Pad 客户端或 Mobile 客户端等。

2. 办公自动化系统安全策略

①进一步完善相关法律法规。

②加强网络安全预警。

③数据安全保护。

④入侵防范及病毒综合防治。

⑤数据备份及恢复。

任务 2　初识 WPS Office 2019 办公软件

知识目标

1. 了解 WPS Office 2019 窗口管理模式的概念；

2. 掌握 WPS Office 2019 个性化设置的内容；

3. 掌握 WPS Office 2019 自定义功能区的内容。

能力目标

1. 会对 WPS Office 2019 进行切换窗口管理模式；

2. 会对 WPS Office 2019 外观进行个性化设置；

3. 会对 WPS Office 2019 进行自定义功能区设置。

素养目标

1. 熟悉 WPS Office 2019 切换窗口管理模式操作，提高学生动手操作能力，进而提升办公技能；

2. 熟练掌握对 WPS Office 2019 外观、功能区进行个性化设置操作，养成独立思考与自主学习能力。

情境导入

小程即将使用 WPS Office 2019 开始日常工作，为了提高办公效率，小程需要对 WPS Office 2019 窗口管理模式、外观、功能区进行个性化设置。接下来，让我们跟着小程一起对 WPS Office 进行个性化设置吧！

知识准备

1. WPS 软件发展历程

WPS，全称 Word Processing System，即文字处理系统，1988 年在金山公司研发，直至今日，WPS 已更新十多个版本，现已成为国产优秀办公软件的代表。

1989 年，WPS 1.0 问世，称雄 DOS 时代；WPS 97 实现了所见即所得，成为国产办公软件领域的不二选择；WPS 2000 集成了文字办公、电子表格、图片编辑功能，进一步奠定了在中文办公领域的地位；WPS 2003 在 WPS 2000 的基础上，升级了 WPS 办公软件，分别独立设计了金山文字、金山表格、金山演示三个产品；WPS 2005 是具有里程碑意义的版本，此版本新建产品内核，重写代码，拥有完全自主知识产权；WPS 2009 实现了跨平台，既可以在 Windows 操作系统上运行，也可以在 Linux 操作系统上运行；WPS 2010 中的模板库不仅提升了软件的易用性，也提高了工作效率；WPS 2012 提供了传统 Office 三件套，高度融合 Windows 7 的主题风格，增加及优化了多项功能；WPS 2016 加入了新的产品特性和功能，兼顾了个人用户和行业用户的日常需求，提升了用户体验；WPS 2019 不仅提供了内置的模板，也提供了除文档、表格等之外的流程图、思维导图等常用功能；WPS 2021 提供了功能齐全的文本编辑器、表格处理器和演示制作工具，还集成了 PDF 编辑器、笔记应用程序和邮件客户端功能。

2. WPS Office 2019

WPS Office 2019 可以实现办公软件常用的文字、表格、演示、PDF 等多种功能，并且将办公与互联网结合起来，支持在线编辑、协同办公等。同时，还提供了海量的精美模板、在线图片素材、在线字体等资源，帮助用户轻松创造优质文档。特点介绍如下：

（1）组件整合

WPS Office 2019 Windows 版，整合了 WPS 文字、WPS 演示、WPS 表格、WPS PDF 等组件，满足日常办公的全部文档服务需求。

（2）云协作支持

只需一个 WPS 账号，可以实现多终端、跨平台的无缝对接，所有数据全平台同步，还能轻松与同事朋友协同办公，文档更可以通过微信、QQ 等社交平台一键分享，让工作和生活更简单。

（3）全面支持 PDF

提供沉浸式的 PDF 阅读体验以及稳定可靠的 PDF 编辑服务，支持一键编辑，快速修改 PDF 文档内容。并且凭借不断优化的 OCR 技术，金山 PDF 能够精准转换文档、表格、PPT、图片等各种格式的文件，让阅读编辑更便捷。

（4）标签可拖曳成窗

在 WPS Office 2019 Windows 版，拖曳文档标签即可将文档独立显示在一个窗口中，向另一窗口拖曳即可合并。而且相较于传统的文档只能选择全部独立显示或全部统一在一个窗口显示，WPS 给了用户更大的自主选择权，让办公管理更高效。

（5）全新视觉，个性化 WPS

WPS Office 2019 Windows 版的桌面背景、界面字体、皮肤、格式图标均支持个性化设置。

（6）高效应用

集成了输出转换、文档助手、安全备份、分享协作、资源中心、便捷工具等多种实用功能，建成丰富的应用中心，满足大家多方面的办公需求。

📝 任务分析

小程为了提高工作效率，方便后续工作的开展，需要对 WPS Office 进行个性化设置。主要的个性化设置内容如下包括：窗口管理模式的切换、外观设置、自定义功能区设置。

🐾 任务实施

第一步 WPS Office 2019 窗口管理模式的切换

安装 WPS Office 2019 后，窗口管理模式默认为整合模式，WPS 文字、WPS 表格、WPS 演示、WPS PDF 会整合为一个 WPS Office 图标，如图 1-2-1 所示。

1-2-1 操作视频

也可以多图标显示，单击"设置"进入设置中心，单击"切换窗口管理模式"，选择"多组件模式"，单击"确定"按钮，保存设置，如图 1-2-2 所示。

图 1-2-1　WPS Office 图标

图 1-2-2　WPS Office 组件图标

第二步　WPS Office 2019 外观设置

打开 WPS 文档，单击"首页"选项卡，进入"首页"设置主界面，单击"全局设置"按钮，出现下拉菜单，单击"皮肤中心"，选择皮肤"秋日私语"进行设置，如图 1-2-3 所示。

图 1-2-3　设置 WPS Office 皮肤

完成个性化皮肤设置后的效果如图 1-2-4 所示。

第三步　WPS Office 2019 自定义功能区设置

打开 WPS 文档，单击文档左上角的"文件"，在弹出的下拉菜单中单击"选项"→"自定义功能区"，进入自定义功能设置界面，可以对现有的选项卡添加或删除常用命令，也可以根据个人需要新建选项卡，将常用的命令添加到此选项卡，方便操作，如图 1-2-5 所示。

图 1-2-4　"秋日私语"皮肤效果

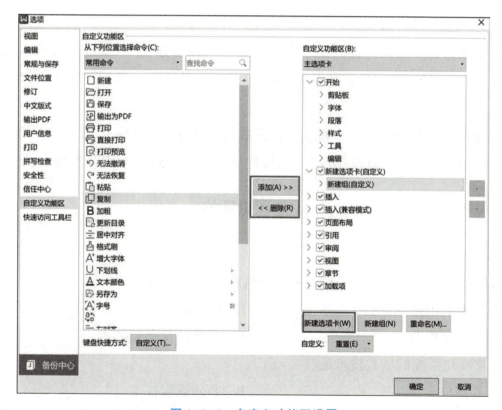

图 1-2-5　自定义功能区设置

根据学习任务的完成情况，对照"观察点"列举的内容进行自评或互评。"观察点"内容可视实际情况在老师引导下拓展。

观察点	☺	☺	☹
WPS Office 2019 窗口管理模式的切换			
WPS Office 2019 皮肤设置			
WPS Office 2019 自定义功能区设置			

知识盘点

本任务主要介绍了 WPS Office 2019 相关的基础知识，包括 WPS Office 2019 窗口管理模式的切换、外观设置、自定义功能区设置，通过本任务的学习，希望同学们熟练掌握 WPS Office 2019 个性化设置操作，提高办公实践技能。

技能拓展

1. WPS 表格个性化设置

对 WPS 表格进行个性化设置，要求皮肤设置为"轻松办公"，新建"常用"选项卡，将"合并居中""数据透视表""打印预览""插入函数""排序"添加到"常用"选项卡。

2. WPS 演示个性化设置

对 WPS 演示进行个性化设置，要求皮肤设置为"雪景"，新建"常用"选项卡，将"新建幻灯片""自定义放映""放映设置""幻灯片母版"添加到"常用"选项卡。

理论延伸

一、单选题

1. 计算机及计算机网络系统处理各种办公信息的技术称为（　　　）。

A. 办公信息处理技术　　　　　　B. 网络信息基础

C. 计算机管理技术　　　　　　　D. 系统信息存储技术

2. 办公自动化系统的核心技术是（　　　）。

A. 文字处理技术　　　　　　　　B. 办公通信技术

C. 办公网络技术　　　　　　　　D. 办公信息处理技术

3. 云计算按服务类型分为（　　）。

A. 公有云、私有云、应用云　　　　　　B. 基础设施云、平台云、混合云

C. 公有云、私有云、混合云　　　　　　D. 基础设施云、平台云、应用云

4. 办公自动化系统可分为三个层次，不包括（　　）。

A. 事务型 OA 系统　　　　　　　　　　B. 管理型 OA 系统

C. 决策型 OA 系统　　　　　　　　　　D. 计划型 OA 系统

5. 不是办公自动化的特点的是（　　）。

A. 集成化　　　　　　B. 智能化　　　　　　C. 多媒体　　　　　　D. 无标准协议

二、填空题

1. 在物联网中使用的关键技术有_____、_____。

2. 办公信息系统主要由硬件系统和软件系统组成，硬件系统主要包括_____、_____、_____、显示器、网卡、显卡等设备，软件系统主要是指安装在硬件上的应用程序。

3. _____是指控制和协调计算机及外部设备、支持应用软件开发和运行的系统，是无须用户干预的各种程序的集合，主要功能是调度、监控和维护计算机系统。

模块 2　文字处理

模块导读

　　文字处理软件是一种对文字进行格式化和排版的办公软件，人们使用它进行文字的录入、浏览、编辑和打印等操作，可以很方便地制作出各式各样的文字文稿，极大地提高工作和学习的效率。目前的文字处理软件不仅能够对文字进行排版，还可以编辑表格、图形和图像，实现图文混排。

　　本模块重点学习如何使用 WPS 文字来编辑各类文档。

素材下载

本模块任务一览表

任务	关联的知识、技能点	建议课时	备注
任务 1　制作邀请函	文字文稿中字符格式及段落格式的设置、邮件合并等	2	每个任务都可通过扫描描二维码获得视频解说，含详细的操作步骤及重难点的讲解
任务 2　制作员工档案表	插入表格的方法、表格的合并拆分、表格属性、边框底纹的设置等	2	
任务 3　制作公司宣传单	图片、艺术字、水印、文本框设置以及形状、图标的编辑，公式、智能图形等的设置，条码、二维码的制作等	4	
任务 4　制作投标文件	页面的设置和打印、分节符的使用、标题的设置、样式生成目录的方法、页眉页脚的设置、页码设置等	8	

任务 1　制作邀请函

知识目标

1. 了解 WPS 文字的操作界面及常见工具的功能特点；

2. 掌握 WPS 文字的新建、打开、保存、另存为等的操作方法；

3. 掌握文字文稿字体、段落等格式的设置，以及项目符号和编号的使用；

4. 掌握邮件功能的使用。

能力目标

1. 会使用 WPS 进行创建、编辑、保存文字文稿；

2. 会设置文字文稿的字体、段落格式；

3. 会批量制作具有相同格式的多份统一样式文档。

素养目标

1. 熟悉应用文邀请函的组成要素，提升办公职业素养；

2. 熟练完成邀请函的制作，增强办公实践能力。

情境导入

　　小程在一家网络科技有限公司工作，目前处于实习期，今天主管安排她制作举办网络安全讲座的邀请函，主要针对公司合作的客户群，面对数量众多的企事业单位联系人，她将如何快速完成个性化邀请函的制作呢？下面让我们一起跟着小程做起来吧。

知识准备

1. WPS 文字基础知识

（1）文档的编辑视图

WPS 文字中包含自动全屏显示、阅读版式、写作模式、页面视图、大纲视图和 Web 版式视图 6 种视图模式，可以根据使用场景、审阅需求等选用适合的视图模式。

全屏显示：该视图模式会全屏展示文档内容，自动隐藏 WPS 文字的功能按钮，更方便地查阅文档内容本身，也可以修改文档内容。

阅读版式：该视图是阅读文档的最佳模式。"阅读版式"视图模式中，文档会限制编辑，只可以进行复制、标注、突出显示设置等操作。

写作模式：该视图模式只提供了简单的格式编辑功能按钮，方便文档校对、字数统计等功能的使用。

大纲视图：该视图模式将文档以大纲目录的形式显示，常用于查看文档结构、设置大纲级别、快速定位编辑内容等。

Web版式：该视图模式可以快速展示当前文档在浏览器中的显示效果。

页面：该视图是WPS文字默认的视图模式，可以看到编辑文档的整体效果。使用菜单和功能区按钮组合的用户界面，方便用户选择所需的命令按钮。用户界面如图2-1-1所示。

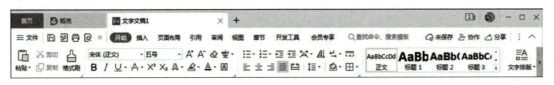

图 2-1-1　WPS 文字用户界面

菜单和功能区中会动态显示与当前操作相关联的功能按钮。例如，当用户在WPS文字中编辑表格时，在菜单中会自动出现"表格工具"的各种表格设计选项功能按钮，如图2-1-2所示。

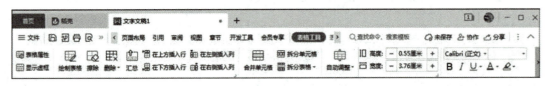

图 2-1-2　"表格工具"的功能按钮

WPS文字采用选项卡式界面，通过不同选项卡将功能区各种命令呈现出来，方便用户的使用。WPS文字的工作界面如图2-1-3所示。

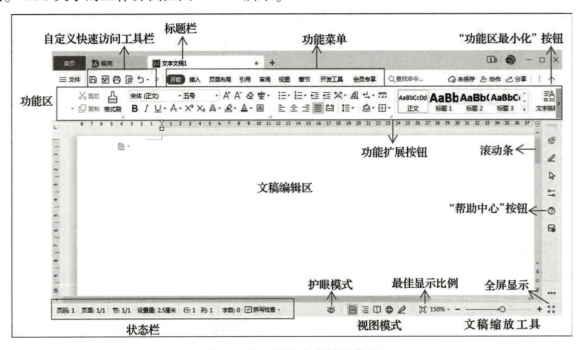

图 2-1-3　WPS 文字操作界面

"小技巧"自定义快速访问工具栏

在 WPS 文字操作界面上方的快速访问工具栏是可以自定义的工具栏，可以根据自己编辑文字的需要，将常用命令按钮添加到快速访问工具栏中。单击"自定义快速访问工具栏"的下拉按钮，在"自定义命令"中勾选相应的命令，即可添加常用工具按钮，方便编辑时使用。在"自定义快速访问工具栏"下拉菜单中还可以定义"功能区"的显示内容和方式，如图2-1-4所示。

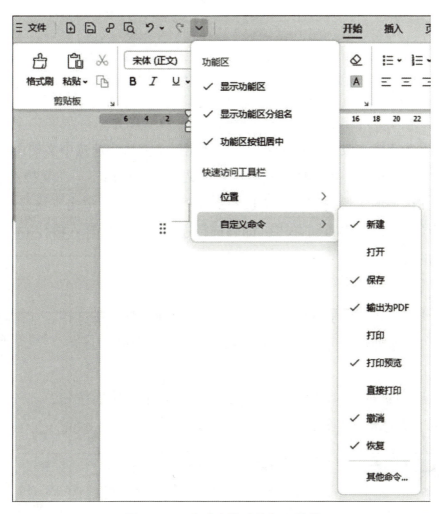

图 2-1-4 自定义快速访问工具栏

（2）文档格式设置

主要是对文档中标题、正文的字体段落格式、项目符号和编号进行设置。在编排文档的过程中，不要用空格设置段落对齐和首行缩进，也不要使用回车键设置行距，要使用"段落"对话框或功能按钮设置对齐方式、缩进和行距等。为了完成文档的快速排版，也可以使用 WPS 文字中的清除格式和智能排版功能，"清除格式"是将设置的字体段落等格式全部取消，而"排版"功能可实现快速智能排版，"清除格式"和"排版"功能按钮如图2-1-5所示。

图 2-1-5　"清除格式"和"排版"功能按钮

"小技巧" 快速选择文档内容

为文档内容设置字体、段落等属性时，可以使用以下方法快速选中文档内容。

在文档右侧空白处单击，可选择与光标对齐的文档的一行内容；在文档右侧空白处双击，即可选择光标所在区域的一段内容；在要选择的文档内容开头处单击，将光标移动到要选择的文档内容结尾位置，按住 Shift 键单击，即可选择连续的文档内容；按住 Ctrl+A 组合键，可快速选择文档中的所有内容。

2. 邮件合并

邮件合并操作可以实现批量且按指定格式生成多份统一样式的文档，并且通过使用邮件批量处理，可以帮助我们节省大量的时间和精力。

操作方法如下：

2-1-1　操作视频

①单击"引用"选项卡"邮件合并"组中的"邮件"功能按钮，打开"邮件合并"功能区，如图 2-1-6 所示。

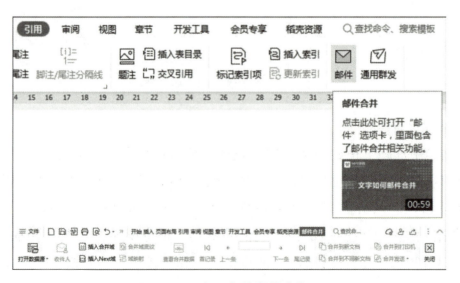

图 2-1-6　打开邮件合并功能区

②打开数据源。数据源可以是 Word 文档、WPS 表格文字、Excel 表格、文本文件中的数据，也可以选择数据库、网页等文件中的数据，如图 2-1-7 所示。

图 2-1-7　选取数据源的文件类型

③插入合并域。根据需要将数据源中的域插入主文档相应位置。

④查看合并数据。可以使用记录按钮选择合并后的文档。

⑤合并到新文档。可以根据操作需要，选择是合并新文档中，还是合并到不同新文档中，或者直接打印等合并方式。

3. 商务活动邀请函

商务活动邀请函是商务活动主办方为了郑重邀请其合作伙伴（投资人、材料供应方、营销渠道商、运输服务合作者、政府部门负责人、新闻媒体等）或重要客户参加其举行的礼仪活动而制发的书面函件。主办方可根据商务礼仪活动的目的自行撰写具有企业文化特色的邀请函。

商务活动邀请函一般包括主体内容和回执，其中，主体内容由标题、称谓、正文和落款四部分组成。

标题是礼仪活动的主题名称，可包括个性化的活动标语；邀请函的称谓使用"统称"，并在统称前加敬语；邀请函的正文是正式告知被邀请方举办礼仪活动的缘由、目的、事项及要求，需写明活动时间、地点及日程安排，并对被邀请方发出得体、诚挚的邀请，结尾一般要写常用的邀请惯用语，如"敬请光临"等；落款要写明礼仪活动主办单位的全称和成文日期。

任务分析

创建邀请函可以使用 WPS 模板，也可以使用邮件合并完成。使用模板创建邀请函，可以根据创建导引完成。本任务重点学习如何使用邮件功能制作邀请函。首先需要用 WPS 文字创建一个新的空白文字，选用合适的 WPS 工作界面，输入邀请函内容并排版，然后需要使用邮件功能实现批量制作邀请函。操作要求如下：

①启动 WPS，新建空白文字，默认的文件名为"文字文稿 1"。

②从语言栏中选择一种汉字输入方法，然后输入文稿内容并完成排版。

③将文字文稿名改为"邀请函（程）"并保存到办公文件夹中。

④邮件合并。打开数据源，在文档合适的位置插入合并域，查看合并文档并保存文档。

⑤打印文档。

 **任 务 实 施**

2-1-2　操作视频

操作步骤：

第一步　启动 WPS

依次单击"开始"→"所有程序"→"WPS Office"，启动 WPS。启动后，选择"新建空白文字"。

第二步　录入相关文字内容并完成排版

启动输入法，根据商务邀请函的格式要求，注意使用敬语，明确公司召开的会议时间、地点、主题和主要议程，输入相应内容。

标题使用方正小标宋三号字，居中；正文使用仿宋 GB-2312，四号字，首行缩进 2 字符，注意，敬语行不缩进；署名右对齐，右缩进 2 字符，时间右对齐，右缩进 6 字符。

排版后效果如图 2-1-8 所示。

邀请函

尊敬的：

　　非常感谢贵公司一直以来给予我公司的大力支持与紧密配合！我们将于20**年**月**日-**月**日，在***大酒店第一会议室举办"网络安全新产品技术培训会"。

　　届时，我公司技术部王经理主讲网络安全新技术解决方案；客户部李经理介绍公司网络安全解决方案的售前技术方案；公司技术团队将就公司全线安全产品的综合解决方案为您答疑解惑。会议还邀请到部分资深技术专家，您将面对面与他们交流，参与实际环境测试。

　　通过本次培训交流平台，您可以与我公司的合作伙伴之间做技术经验的交流，共同探讨网安市场的技术发展策略，获得更多的技术资源和商机信息，让我们一起结成联盟，共存共赢，创造更加美好辉煌的明天。

　　期待您的大驾光临！

潍扬网络科技有限公司刘明敬邀

20**年**月**日

图 2-1-8　邀请函排版后效果

第三步　保存文字文稿

选择"文件"菜单→"保存"命令，会弹出"另存文件"对话框，在"保存位置"下拉列表中选择文字文稿的保存位置，建议保存在工作分类文件夹中，如"通知文件"文件夹，然后在"保存类型"下拉列表框中选择文字文稿的保存类型，最后在"文件名"文本框中输入文件名称"邀请函"，也可以在文件名后添加撰写人和定稿时间便于查找，如"邀请函（程）20230612"，完成以上操作后单击"保存"按钮即可对该文字文稿进行保存。如果不是第一次保存文字文稿，选择"保存"命令将直接保存文字文稿，如图 2-1-9 所示。

图 2-1-9　"另存文件"对话框

第四步　邮件合并

在邀请函文档中，单击"引用"选项卡中的"邮件"按钮，打开"邮件合并"功能区，单击"打开数据源"按钮，在弹出的"选取数据源"对话框中选择"合作单位联系人信息统计表"（图 2-1-10），单击"打开"，弹出"选择表格"对话框（图 2-1-11）选择 Sheet1 $，然后将光标定位在邀请函的开头称呼位置，选择"插入合并域"，在弹出的"插入域"对话框中选择《负责人姓名》《职务》（图 2-1-12），在文档中的效果如图 2-1-13 所示。最后选择"查看合并数据"（图 2-1-14）查看合并效果，如果对效果满意，就可以选择"合并到新文档"完成邀请函的制作了。

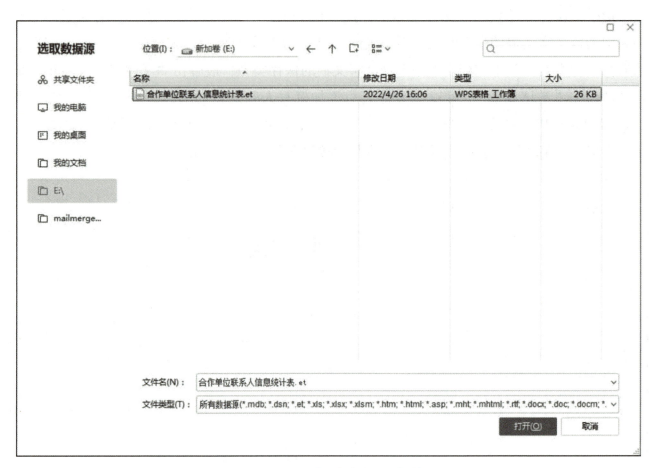

图 2-1-10   "选取数据源"对话框

图 2-1-11   "选择表格"对话框

图 2-1-12　"插入域"对话框

邀请函

尊敬的《负责人姓名》《职务》：

　　非常感谢贵公司一直以来给予我公司的大力支持与紧密配合！我们将于 20**年**月**日-**月**日，在***大酒店第一会议室举办"网络安全新产品技术培训会"。

图 2-1-13　插入合并域的邀请函

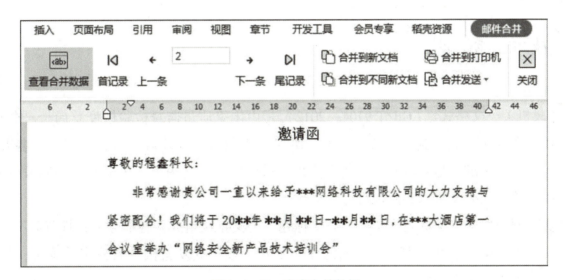

图 2-1-14　完成合并数据

第五步　文档打印

在合并后的邀请函文档中，单击"文件"菜单的"打印"按钮或者"快速访问工具栏"中的"打印"按钮，在弹出的"打印"对话框中选择打印机的类型和页码范围等，单击"确定"按钮，即可完成文档的打印。

 任 务 评 价

根据学习任务的完成情况，对照"观察点"列举的内容进行自评或互评。"观察点"内容

可视实际情况在老师引导下拓展。

观察点	☺	☻	☹
文件保存在合适的位置			
文件名简洁并体现"见名知意"的原则			
没有错别字，正确使用标点符号			
文字文稿排版简洁大方			
完成批量制作邀请函			

知识盘点

本任务围绕邀请函的制作，主要介绍了邀请函组成、邮件合并主文档的制作、数据源获取及邮件合并的相关知识，邮件合并中的数据源可以选择自行创建，也可以选取相应的数据源文件中的数据。

技能拓展

1. 认识公文格式规范

《党政机关公文格式》（GB/T 9704—2012）是由国家质量监督检验检疫总局①、国家标准化管理委员会发布的关于党政机关公文通用纸张、排版和印制装订要求、公文格式各要素编排规则等的国家标准，是党政机关公文规范化的重要依据，适用于各级党政机关制发的公文。其他机关和单位的公文可以参照执行。

公文主要由发文机关标志、文号、公文标题、公文正文组成，各部分格式规范如下：

①发文机关标志。红色方正小标宋简体，字号一般根据发文机关名称字数确定，尽量排列在一行，以美观大方为宜。

②发文字号。用三号仿宋 GB-2312 字体。

③公文标题。二号方正小标宋简体字（不加粗），行距 35 磅。在红色分隔线下空两行位置分一行或多行居中排列，如多行换行时，要做到词意完整，长短适宜，排列对称，间距恰当。

④公文正文。含正文、附件说明、发文机关署名、行文日期、附注。一级标题用"一、"，三号黑体字体，不加粗；二级标题用"（一）"，三号楷体 GB-2312 字体，加粗；三级标题用"1."，三号仿宋 GB-2312 字体，加粗；正文汉字用三号仿宋 GB-2312 字体，英文字母和数字

---

① 现国家市场监督管理总局

用三号 Times New Roman 字体，不加粗，文中行距为 30 磅；在括号、双引号、书名号之间均不用顿号。

如有附件，在正文下空一行首行缩进两字编排“附件”，后标全角冒号和附件名称。如有多个附件，使用阿拉伯数字标注顺序（如“附件：1. XXXXX”）；附件名称后不加标点。若附件名称较长，需回行时，应与上一行附件名称的首字对齐。

在落款日期之后的“附件”两字用 3 号黑体字顶格编排在版心左上角第一行。附件标题居中编排在版心第三行。附件顺序号和附件标题应当与附件说明的表述一致。附件格式要求同正文。

⑤页面排版要求。

页面设置为 A4 纸张，上边距 3.7 cm，下边距 3.5 cm，左边距 2.8 cm，右边距 2.6 cm；公文页码用“—1—”页码格式，四号宋体字，单页码居右空一字，双页码居左空一字，设置为“底端外侧”。

⑥其他。

装订：订位为两钉外订眼距版面上、下边缘各 7 cm 处。

盖章：公章下弧压日期的下沿。不可在空白页上盖公章，可调行距，让前页的内容下移一行。

2. 制作会议通知文件

会议通知指会议准备工作基本就绪后，为便于与会人员提前做好准备而发给与会者的通知。它通常包括书面通知和口头通知两种形式。较庄重的会议以及出席会议人数较多的，宜发书面通知。书面通知的撰写格式由标题、正文、署名和日期三部分组成。有时须加盖发通知单位的公章。重要会议的通知需拟出文字稿，以保准确性。通知发出后，要及时落实参加会议的人员，并报告会议主持人。

请同学完成会议通知文件的制作，效果图如图 2-1-15 所示。

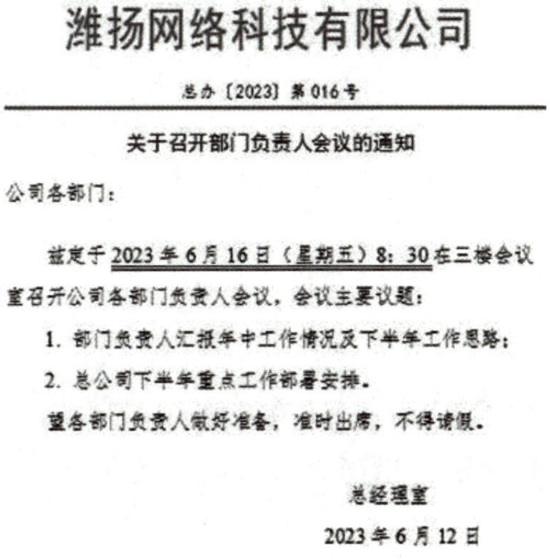
潍扬网络科技有限公司

总办〔2023〕第 016 号

关于召开部门负责人会议的通知

公司各部门：

兹定于 2023 年 6 月 16 日（星期五）8：30 在三楼会议室召开公司各部门负责人会议，会议主要议题：

1. 部门负责人汇报年中工作情况及下半年工作思路；

2. 总公司下半年重点工作部署安排。

望各部门负责人做好准备，准时出席，不得请假。

总经理室

2023 年 6 月 12 日

图 2-1-15　效果图

3. 制作请尝试使用模板完成邀请函信封的制作（图2-1-16）

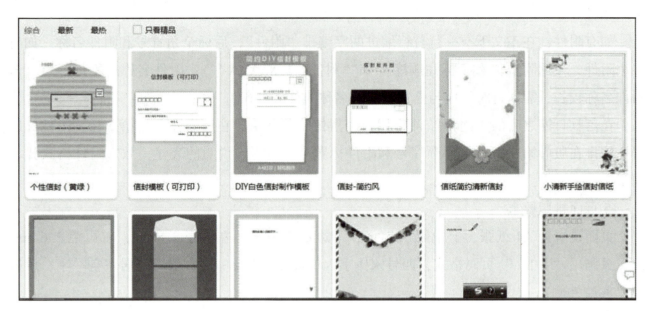

图 2-1-16　制作邀请函信封

4. 利用素材文件设计制作公司员工工作牌

任务 2　制作员工档案表

知识目标

1. 掌握 WPS 文字中表格的创建方法；

2. 掌握 WPS 文字中表格工具和表格样式工具的使用；

3. 掌握 WPS 文字中表格属性的设置。

能力目标

1. 会使用 WPS 文字创建表格；

2. 会设置表格属性；

3. 能使用 WPS 文字快速制作不规则表格。

素养目标

1. 了解员工档案表的基本组成，熟悉职场办公技能要求；

2. 熟悉不规则表格的制作方法，增强办公实践能力。

 情境导入

公司新员工入职时，都会填写员工信息，以便后期公司将员工信息输入公司系统中，建立员工档案。员工档案中主要涉及员工的基本信息、工作经历、教育培训经历等，如图 2-2-1 所示。让我们一起看看小程是怎样完成企业员工档案表制作的。

潍扬网络科技有限公司

员 工 档 案 表

档案编号：　　　　　　　　　　　　　填表日期：　　年　月　日

基 本 信 息					
姓　名		性　别	男□　女□		
身份证号码					照片
籍　贯		政治面貌			
目前住址					
毕业院校		大学（学院）	专业		
学历/学位		婚姻状况	已婚□　未婚□		
紧急联络人		与本人关系	联系电话		

教 育 经 历			
起止日期	学　校	专　业	毕（结）业或培训
年　月- 年　月			
年　月- 年　月			
年　月- 年　月			

工 作 经 历			
起止日期	单位名称	职　务	薪　资
年　月- 年　月			
年　月- 年　月			
年　月- 年　月			

本人提供资料真实可靠，如有虚假愿接受公司规章制度所规定的处罚。

薪金待遇

填表人：_____

日　期：_____年___月___日

试用期		试用期满		备注	总经理审批
录用日期		转正日期			
试用工资		转正工资			
部门经理审批		部门经理审批			

图 2-2-1　企业员工档案表

 知识准备

1. WPS 文字中表格的创建

（1）拖动鼠标快速创建表格

WPS 文字中可以使用鼠标拖动的方法快速创建表格，但是这样创建的表格只有 8 行 24 列，如图 2-2-2 所示。

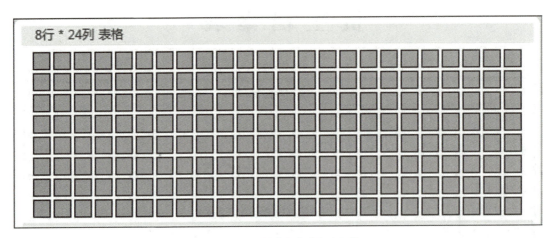

图 2-2-2　拖动鼠标插入表格

（2）指定行数和列数创建表格

单击"插入"选项卡中的"表格"下拉按钮，从弹出的下拉菜单中选择"插入表格"命令，打开"插入表格"对话框。在"表格尺寸"栏的"行数"和"列数"框中输入需要的行数和列数，即可插入指定行数和列数的表格，如图 2-2-3 所示。

（3）使用模板创建表格

WPS Office 提供了很多在线表格模板，采用它们可以快速提高工作效率。首先需要把输入点定位到需要插入表格的位置，单击"插入"选项卡下的"表格"按钮，在弹出的"插入表格"下拉菜单中选择"稻壳内容型表格"相应的表格类型，就可以打开对应的模板库，从中选择一种表格插入文档中，如图 2-2-4 所示。

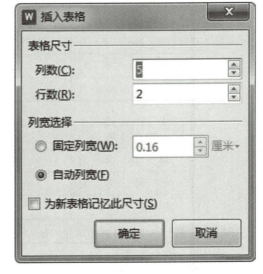

图 2-2-3　"插入表格"对话框

（4）手动绘制表格

手动绘制表格是用画笔工具绘制表格的边线，可以用来绘制各种不规则的表格。单击"插入"选项卡中的"表格"下拉按钮，从弹出的下拉菜单中选择"绘制表格"命令，此时

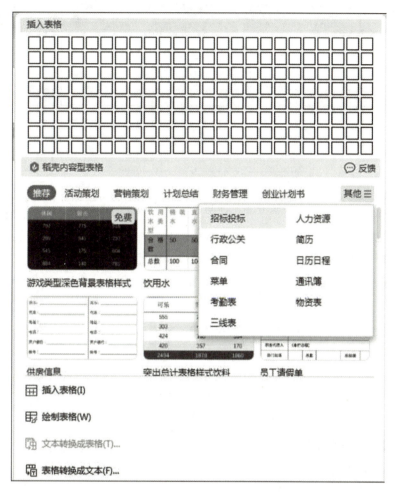

图 2-2-4　插入内容型表格类型

光标将变为铅笔样式 ✐，拖动鼠标，光标经过的地方就会出现表格的虚框，直到绘制出需要的表格行列数，松开鼠标即可，此时绘制出的表格是标准行列的表格，如图 2-2-5 所示。可以继续使用"绘制表格"工具在表格中绘制表格线，也可以使用"表格工具"选项卡中的"擦除"工具擦除不需要的线条，从而完成不规则表格的制作，如图 2-2-6 所示。

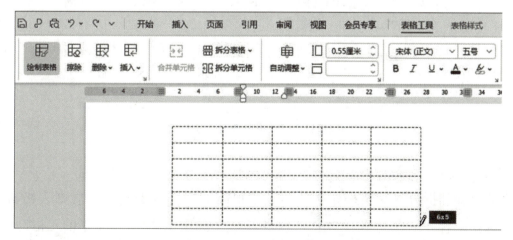

图 2-2-5　手动绘制表格

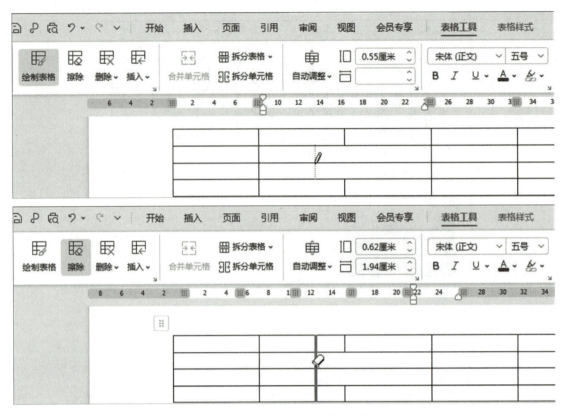

图 2-2-6 绘制表格和擦除边框

2. 合并和拆分表格、单元格

（1）表格的合并和拆分

把两个或多个表格进行合并操作，只需要删除上、下两个表格之间的内容或段落标记就可以完成合并；拆分表格是使用"表格工具"选项卡中的"拆分表格"命令按钮完成的，将光标定位在要拆分的表格位置，选择拆分表格下拉菜单中的"按行拆分"或"按列拆分"，就可以实现从光标处拆分成两个表格，如图 2-2-7 所示。

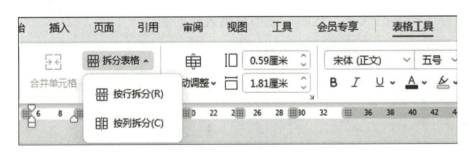

图 2-2-7 拆分表格工具

（2）单元格的合并和拆分

单元格的合并和拆分是表格操作中使用频率很高的操作，是制作不规则表格必须使用的操作技术。选择要合并的单元格，单击"表格工具"选项卡中的"合并单元格"命令按钮，就会将选中几个单元格合并为一个单元格，也可以使用"绘制表格"中的"擦除"按钮来实现，如图 2-2-8 所示。

图 2-2-8　合并和拆分单元格工具

"小技巧" 巧用拆分单元格工具

在表格中，如果需要实现多行单元格的合并，例如，将下方表格 A 变成表格 B，可以多次使用"合并单元格"命令按钮，也可以选中表格 A 中相应单元格，选择"拆分单元格"，在弹出的"拆分单元格"对话框中设置列数为 1，行数为 3，勾选"拆分前合并单元格"，即可快速实现表格 B 的效果，如图 2-2-9 所示。也可以使用拆分单元格工具实现多列单元格的合并。

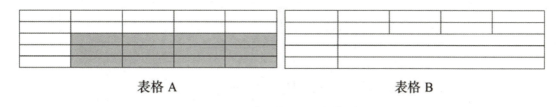

表格 A　　　　　　　　　　　　表格 B

图 2-2-9　拆分单元格工具

3. 表格的美化

（1）表格的高度和宽度

创建表格式，列宽和行高往往采用默认值，如果需要调整表格的高度和宽度，可以使用以下 3 种方法。

方法 1：使用鼠标改变列宽和行高。将鼠标移动到要调整高度或宽度的表格边框线上，按住鼠标左键，出现一条垂直或者水平的蓝色粗线时，表示可以改变单元格的大小，按住鼠标左右或者上下拖动，即可改变表格的列宽和行高，如图 2-2-10 所示。如果需要改变某一个单元格的宽度时，需要选中该单元格，将鼠标移动到单元格的边框线上，左右拖动鼠标即可，如图 2-2-11 所示。

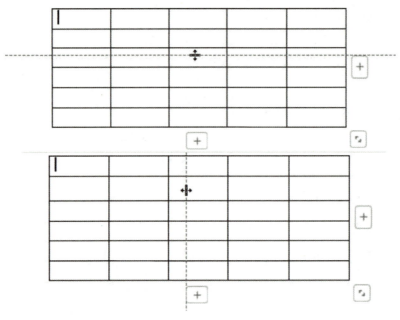

图 2-2-10　使用鼠标改变列宽和行高

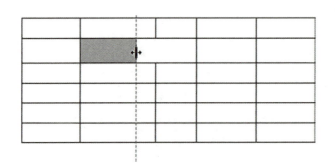

图 2-2-11　使用鼠标改变某一个单元格宽度

　　方法 2：使用菜单精确设置列宽和行高。使用鼠标调整列宽和行高方便但不精确，对于要求严格的表格而言，可以使用相关命令按钮来实现。选中需要调整列宽和行高的单元格，单击"表格工具"选项卡，在"单元格大小"组中的"高度"和"宽度"框中输入相应的数值就可以设置精确的行高和列宽，如图 2-2-12 所示。

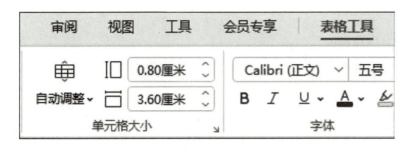

图 2-2-12　精确设置表格列宽和行高

　　方法 3：使用自动调整工具设置列宽和行高。如果需要各行或各列的高度和宽度都一样，可以使用菜单精确设置，还可以使用"自动调整"工具中的"平均分布各行"和"平均分布各列"方式实现。"自动调整"工具还可以实现"根据内容调整表格",这时单元格的大小能够随表格内容的增减而变化。自动调整工具如图2-2-13所示。

（2）表格的边框和底纹

可以通过设置表格样式对表格进行美化。单击"表格样式"选项卡,可以使用表格样式、绘制边框、清除样式三组工具实现表格的美化,如图2-2-14所示。"表格样式"组中含有内置预设样式,可以实现表格边框底纹的快速设置,如图2-2-15所示。如果对内置表格样式不满意,可以自定义表格的边框和底纹,相应的功能菜单如图2-2-16所示。"绘制边框"组中的功能按钮与前面介绍的手动绘制表格功能一样,可以选择不同的线型、粗细和颜色,完成"绘制表格""擦除"和绘制"斜线表头"等操作。

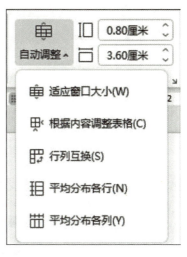

图2-2-13　"自动调整"工具

图2-2-14　"表格样式"选项卡

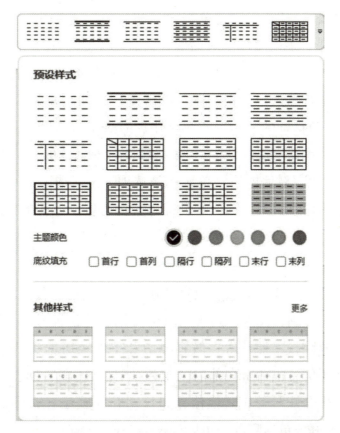

图2-2-15　表格内置"预设样式"

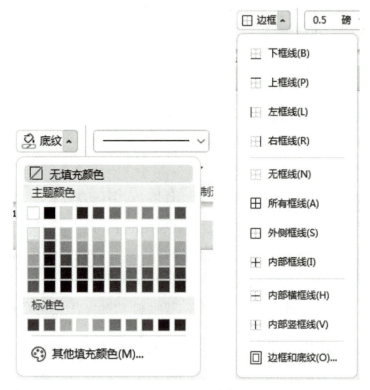

图 2-2-16　"边框"和"底纹"功能菜单

（3）表格属性设置

右击表格，选择"表格属性"，或者单击"表格工具"选项卡"属性"组中的"表格属性"工具按钮，即可打开"表格属性"对话框，共有四个选项卡。在"表格属性"对话框的"表格"选项卡中可以对整个表格的尺寸、对齐方式、文字环绕、边框底纹和表格选项进行设置，其中，表格选项中含有默认单元格边距、默认单元格间距及是否自动重调尺寸以适应内容的设置；"表格属性"对话框的"行"选项卡中含有表格行高尺寸、是否允许跨页断行、是否在各页顶端以标题形式重复出现的设置；"表格属性"对话框的"列"选项卡主要针对各列宽度进行设置；"表格属性"对话框的"单元格"选项卡是对选定单元格宽度、单元格中内容的对齐方式及其他选项的设置，其他选项的设置与表格选项设置基本相同。"表格属性"各选项卡内容如图 2-2-17 所示。

4. 员工信息表

员工信息表一般包括个人基本信息、教育经历、工作经历、公司聘用信息及其他信息等。个人基本信息包括姓名、性别、民族、婚否、出生日期、身份证号码、联系方式、户籍地址、现居住地址、学历、毕业院校、照片等；教育经历和工作经历据实填写，教育经历一般从高中阶段起填写；公司聘用信息包括所在部门、职务/职称、入职日期、转正日期、专业合同期限、劳动保障证号、公积金账号等；其他信息如长期驻外医疗（办事处或者分公司的职员需要）、意外伤害保险、家庭成员信息等，可以根据需要进行删减。

图 2-2-17　"表格属性"对话框

另外，员工信息表还配备员工档案，包括个人电子照片、身份证扫描件、毕业证书等证书扫描件、劳动合同扫描件等。

任务分析

制作员工信息表可以使用插入表格和合并拆分单元格来完成。本任务重点学习如何创建一个不规则的表格。首先需要用 WPS 文字插入一个规则表格，使用表格的合并拆分、表格的高度/宽度设置等基本操作，完成员工信息表的制作。操作要求如下：

①启动 WPS，新建空白文字，将文字文稿保存到办公文件夹中，命名为"员工信息表（程）"。

②插入表格，使用合并和拆分单元格，完成员工信息表整体框架的搭建。

③输入表格内容。

④完成表格的美化操作。

⑤打印文档。

任务实施

2-2-1 操作视频

操作步骤：

第一步　启动 WPS，完成页面设置和文件保存

依次单击"开始"→"所有程序"→"WPS Office"，启动 WPS，选择"新建空白文字"。

单击"页面"选项卡中"页面设置"组相应的功能按钮，完成纸张大小、方向、页边距等设置；在"页眉页脚"组中单击"页眉页脚"按钮，在页眉位置输入"潍扬网络科技有限公司"，右对齐，单击"开始"选项卡"段落"组中的"边框"按钮，选择下边框线，完成页眉的输入，如图 2-2-18 所示。单击"页眉页脚"选项卡右边的"关闭"按钮，完成文档的页眉设置。

将文件保存在相应的工作文件夹中，命名为"员工信息表（程）"。

第二步　选择汉字输入法，输入表格标题及表格以外的其他文字

定义标题为方正小标宋简体，三号，居中；其他文字为仿宋-GB2312，四号，对齐方式参照图 2-2-1。

第三步　插入表格，使用单元格的合并和拆分完成基本框架搭建

单击"插入"选项卡"常用对象"组中的"表格"，在下拉菜单中选择"插入表格"，弹出"插入表格"对话框，输入列数和行数，即在文档中插入一个 5 列 24 行的规则表格，根据

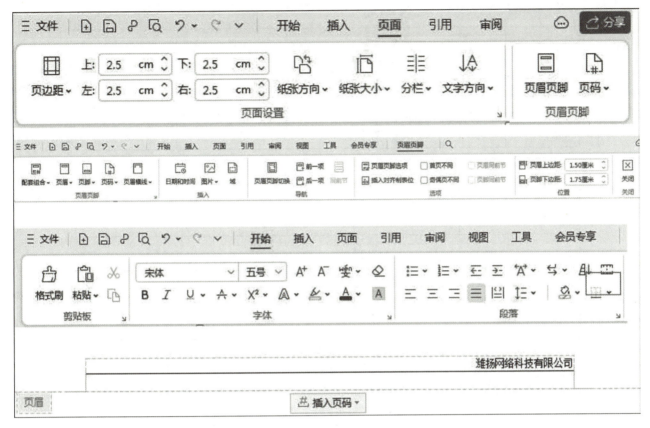

图 2-2-18　页面和页眉页脚的设置

图 2-2-1 进行单元格的合并或拆分，完成表格基本框架。"身份证号码"行单元格的拆分如图 2-2-19 所示。

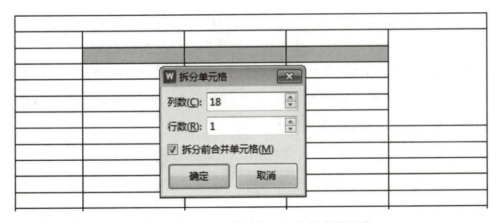

图 2-2-19　"身份证号码"行拆分单元格

依次完成其他单元格的合并与拆分，完成表格基本框架的搭建，如图 2-2-20 所示。

图 2-2-20　表格基本框架

第四步　输入表格内文字，对表格进行高度和宽度调整

输入表格内文字，注意表格内"性别"中"男"和"女"前面复选框的输入，可以在"男"和"女"的前面输入大写字母 R，选中该字母，设置字体为 Wingdings 2，这时就变成"☞"符号，填写表格时，单击"男"或"女"复选框，里面会出现√，变成"R"符号。使用同样的操作可以完成"婚姻状况"中"已婚"或"未婚"复选框的输入。根据单元格内的文字调整单元格的宽度。注意，选中要调整宽度的单元格，再用鼠标拖动的方法调整。对部分宽度一样的单元格，可以使用"表格工具"选项卡"自动调整"组中的"平均分布各行""平均分布各列"等功能按钮，调整时，单元格内的文字尽量不出现折行。

单击表格左上角的 ⊕ 符号，选中整个表格，单击"表格工具"选项卡"对齐方式"组中的"垂直居中" ≡ 和"水平居中" ≡ 按钮，让表格中的文字在单元格的中部居中显示，部分不需要居中的表格再进行单独的对齐方式设置。

选中整个表格，单击"表格工具"选项卡，调整"单元格大小"组"表格行高"中的数值为"0.8 厘米"，也可直接在文本框中输入数值。

第五步　设置表格边框底纹，完成表格的美化

选择整个表格，右击表格，在弹出的快捷菜单中选择"边框和底纹"，也可以在"表格样

式"选项卡中选择"边框和底纹"。在"边框和底纹"对话框中，选择表格"网格"的外框线型为 ▬ ，如图 2-2-21 所示。

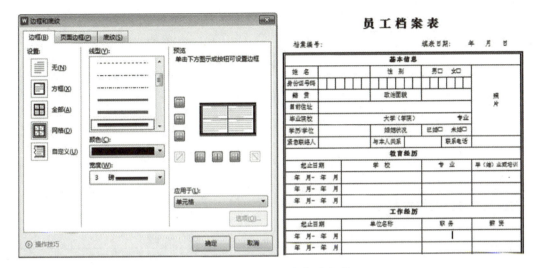

图 2-2-21　设置表格外框线

选中表格第一行，打开"边框和底纹"对话框，选择线型为 ═ ，单击"预览"区中的下框线按钮，就可将"基本信息"下方的框线设置为双实线了，如图 2-2-22 所示。使用同样操作完成其他单元格边框的设置。

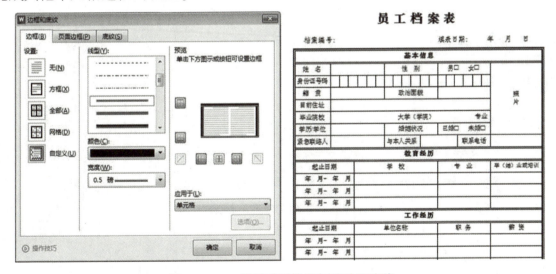

图 2-2-22　设置单元格外框线为双实线

第六步　文档打印

单击"文件"菜单的"打印预览"按钮或者"快速访问工具栏"中的"打印预览"按钮，查看表格的整体效果。可以单击"退出预览"对表格进行适当的调整。如果没有问题，可以在"打印预览"右侧的"打印设置"区域选择打印机的类型等相关参数，单击"打印"按钮，即可完成文档的打印。

任务评价

根据学习任务的完成情况，对照"观察点"列举的内容进行自评和互评。"观察点"内容可视实际情况在老师引导下拓展。

观察点	☺	😐	☹
文件命名规范，保存在合适的位置			
表格标题排版设置规范			
表格内容输入准确，对齐方式设置合适			
表格中单元格高度和宽度设置合理			
表格边框设置美观，整体效果简洁大方			

知识盘点

本任务围绕企业员工档案信息表的制作，主要介绍了员工信息表的一般组成、插入表格、单元格的合并拆分、表格样式等设置的相关知识，能够熟练完成不规则表格的制作。

技能拓展

①请同学尝试使用模板制作企业员工信息表，如图2-2-23所示。

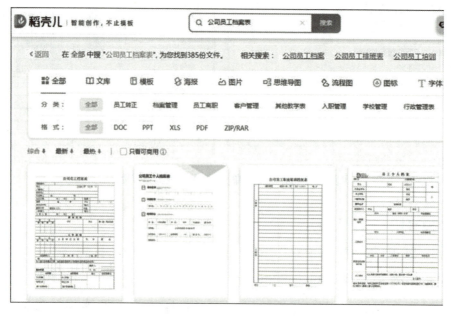

图2-2-23　企业员工信息表

②请同学参照图2-2-24完成个人简历的制作，注意边框底纹的使用。下图中有边框线和无边框线的个人简历，你更喜欢哪一种呢？

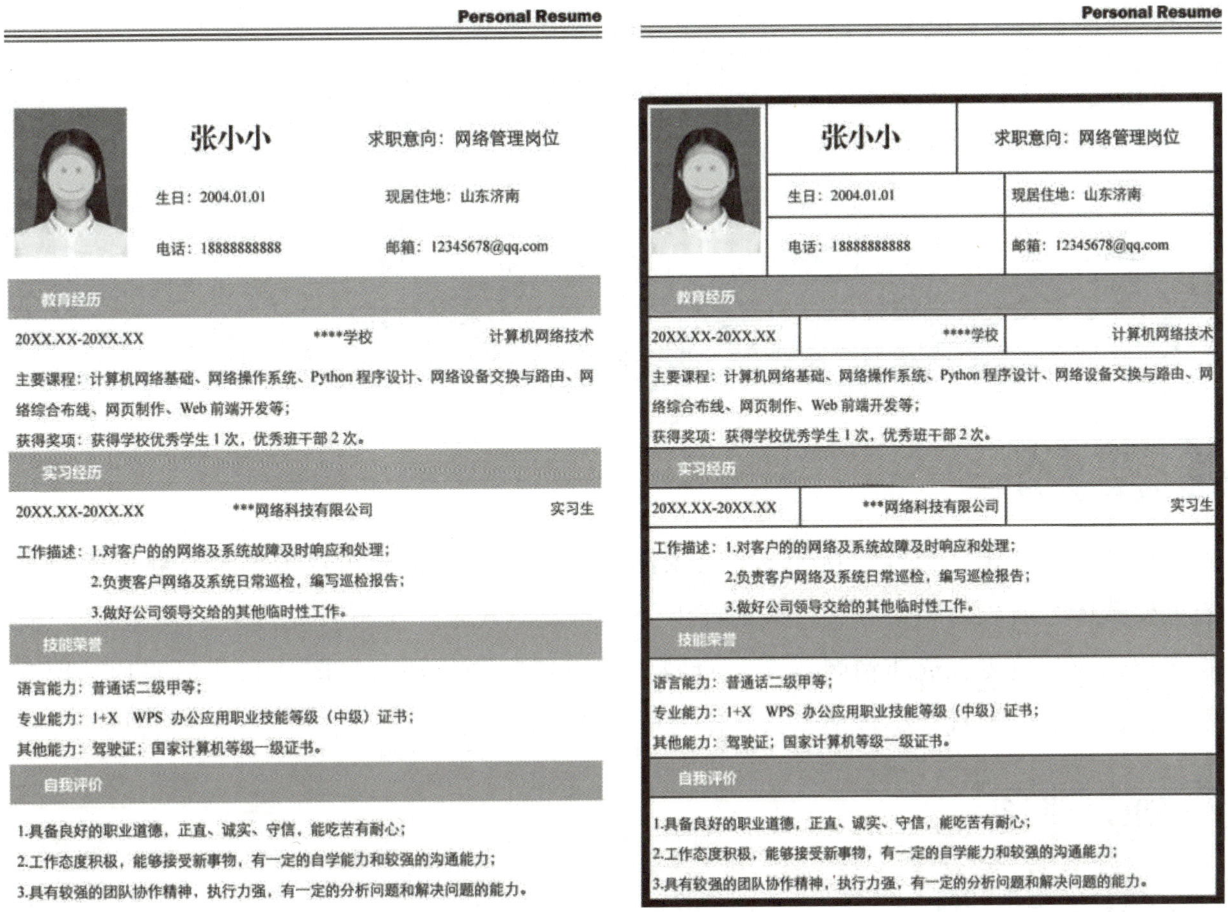

Personal Resume

张小小	求职意向：网络管理岗位
生日：2004.01.01	现居住地：山东济南
电话：18888888888	邮箱：12345678@qq.com

教育经历

20XX.XX-20XX.XX ****学校 计算机网络技术

主要课程：计算机网络基础、网络操作系统、Python程序设计、网络设备交换与路由、网络综合布线、网页制作、Web前端开发等；

获得奖项：获得学校优秀学生1次，优秀班干部2次。

实习经历

20XX.XX-20XX.XX ***网络科技有限公司 实习生

工作描述：1.对客户的的网络及系统故障及时响应和处理；
　　　　　2.负责客户网络及系统日常巡检，编写巡检报告；
　　　　　3.做好公司领导交给的其他临时性工作。

技能荣誉

语言能力：普通话二级甲等；
专业能力：1+X WPS办公应用职业技能等级（中级）证书；
其他能力：驾驶证；国家计算机等级一级证书。

自我评价

1.具备良好的职业道德，正直、诚实、守信，能吃苦有耐心；
2.工作态度积极，能够接受新事物，有一定的自学能力和较强的沟通能力；
3.具有较强的团队协作精神，执行力强，有一定的分析问题和解决问题的能力。

图2-2-24 样例图

任务3　制作公司宣传单

知识目标

1. 掌握WPS文字中插入对象的操作方法；
2. 掌握WPS文字中对象属性的设置；
3. 掌握WPS文字中分栏操作方法；
4. 掌握WPS文字中页面背景的设置；
5. 掌握WPS文字图文混排操作技巧。

能力目标

1. 能在 WPS 文字中插入图片、形状、艺术字等对象；

2. 会设置插入对象的属性；

3. 会对文字进行分栏操作；

4. 能添加页面背景和水印；

5. 能熟练对 WPS 文字进行图文混排。

素养目标

1. 练习素材使用中国传统文化图片，培养学生爱国爱家情怀；

2. 熟练完成公司宣传彩页的制作，进一步了解网络企业经营范围，树立职业理想。

 情境导入

　　小程今天接到领导安排的新任务，需要制作公司宣传单，公司宣传单是外界了解公司情况的重要载体，所以要图文并茂，达到宣传公司的最佳效果。小程首先搜集了公司基本情况、企业文化、业务范围、资质情况等文字资料，还找到一些公司实景图片和获奖照片，现在万事俱备，让我们一起看看小程是怎么制作公司宣传彩页的吧。

知 识 准 备

1. WPS 文字中的插入对象

　　WPS 文字中可以插入图片、形状、艺术字等多种对象，单击"插入"选项卡，在"常用对象"组中就可以选择相应的对象，插入文字文稿中，如图 2-3-1 所示。

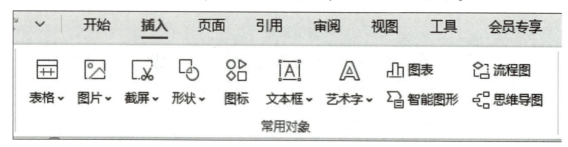

图 2-3-1　WPS 文字中可插入的常用对象

2. "图片"对象的插入与编辑

　　WPS 文字中可以选择本地图片、来自扫描仪、手机图片/拍照或者从网络上搜索图片，图片的类型主要包括 Windows 增强型图元文件（＊.emf）、Windows 图元文件（＊.wmf）、JPEG文件交换格式（＊.jpg、＊.jpeg）、可移植网络图形（＊.png）、Windows 位图（.bmp）、图形交换格式（＊.gif）、Tag 图像文件格式（＊.tif、＊.tiff）、可缩放的向量图形（＊.svg），其

中较常见的为 JPEG 格式。

（1）插入图片

单击"插入"选项卡"常用对象"组中的"图片"按钮，在弹出的下拉菜单中选择图片来源，根据对话框提示选择相应的图片。图片加载后，菜单和功能区中会动态显示"图片工具"功能按钮，可以通过"图片工具"选项卡"调整"组里的"更改图片"重新选择加载的图片，也可以使用"添加图片"继续选择图片到文字文稿中，如图 2-3-2 所示。

图 2-3-2　插入图片菜单和"图片工具"的功能按钮

（2）调整图片大小

在"图片工具"选项卡"大小"组中有裁剪和调整大小的按钮。如果一张图片较大，将其插入文档中不合适，可以使用"裁剪"按钮，将大图片裁剪到适合文档需求的大小。裁剪时，可以直接裁剪图片，也可以选择"按形状裁剪"和"按比例裁剪"。单击"裁剪"按钮后，图片的四周将出现裁剪标识，将光标移动到这些裁剪标识旁边，鼠标形状就会变成相应的裁剪形状，按住鼠标左键，移动鼠标就可以对图片进行裁剪操作，松开鼠标后，单击文档其他位置或单击"裁剪"按钮，图片黑色区域的部分就被裁掉了。图2-3-3所示为按六角形进行的图片裁剪。

图2-3-3　按形状裁剪图片

调整图片的大小，可以用鼠标直接拖动改变高度和宽度，也可以沿对角线按照一定的比例放大或者缩小图片，缩放时可以锁定纵横比，也可以指定高度和宽度，如图2-3-4所示。

图2-3-4　调整图片大小

（3）设置图片环绕方式

插入文档中的图片默认状态是嵌入型环绕方式，即以字符形式插入文档中，其位置会随着其他字符的改变而改变，它的移动同字符操作一样。如果想让图片随意移动位置而不影响其他字符的位置，需要设置图片的环绕方式，常见的环绕方式有嵌入型、四周型、紧密型、穿越型、上下型、浮于文字上方、衬于文字下方等。图片环绕方式及其效果如图 2-3-5 所示。

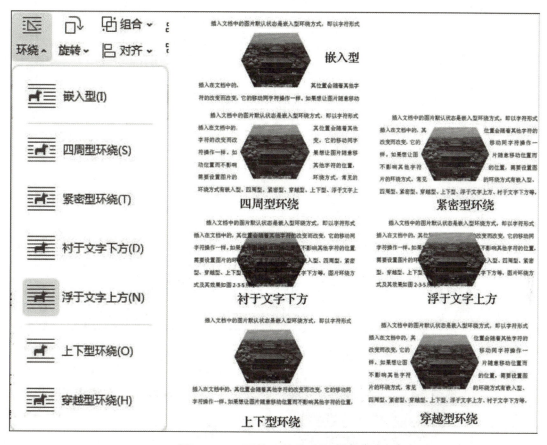

图 2-3-5 图片环绕方式及其效果

从图 2-3-5 中可以看出，紧密型环绕和穿越型环绕效果没有差别，紧密型环绕是文字紧密环绕在图片周围，穿越型环绕则是文字沿着图片顶点进行环绕，可以穿越不规则图片的空白区域，当图片顶点与图片本身形状不同时，两种环绕方式才会有所差异。

设置图片环绕方式的方法如下：

方法一：选择图片，单击"图片工具"选项卡"排列"组中的"环绕"按钮，在下拉菜单中选择相应的环绕方式，如图 2-3-5 左侧所示。

方法二：右击选择的图片，在弹出的快捷菜单中选择"文字环绕"，在级联菜单中选择相应的环绕方式，也可选择"其他布局选项"，打开"布局"对话框进行设置，如图 2-3-6 所示。

方法三：选中图片，在图片右侧直接选择"布局选项"按钮，即可打开"布局选项"级联菜单进行环绕方式的设置，如图 2-3-7 所示。

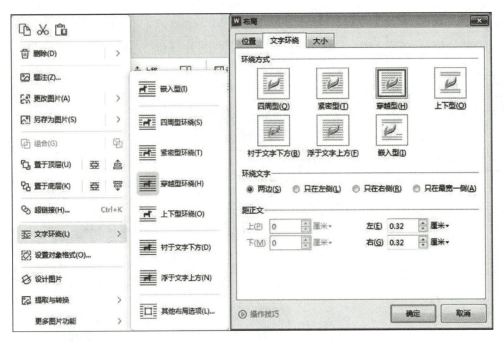

图 2-3-6　使用右击图片的方式设置文字环绕

图 2-3-7　利用图片布局选项进行环绕方式设置

（4）设置图片样式

WPS 文字中可以对图片的色彩、效果、边框、亮度对比度等属性进行设置。选择图片，单击"图片工具"选项卡"图片样式"组中相应的功能按钮，即可对图片属性进行设置。"色彩"有自动、灰度、黑白、冲蚀四个选项，"效果"有阴影、倒影、发光、柔化边缘、三位旋转五组图片效果，"边框"可以设置颜色、线型、粗细以及 WPS 自带的图片边框样式等，如图 2-3-8 所示。

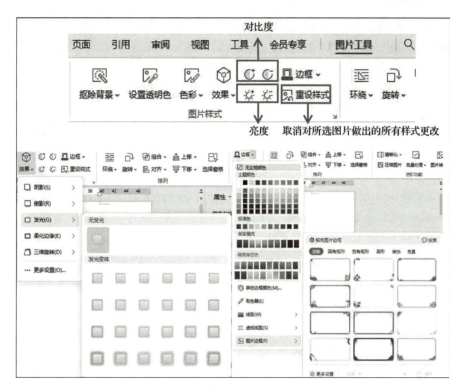

图 2-3-8　"图片样式"功能按钮

　　WPS 文字还提供了"抠除背景"和"设置透明色"功能按钮。如果插入的素材图片是纯色背景，并且与图片内容颜色反差较大，就可以利用这两个按钮将图片背景消除，达到更好的图文混排效果，如图 2-3-9 所示。

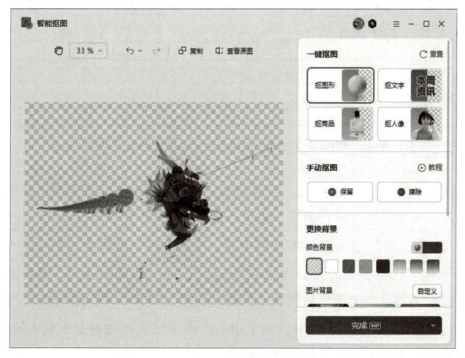

图 2-3-9　"智能抠图"前后图文混排效果对比

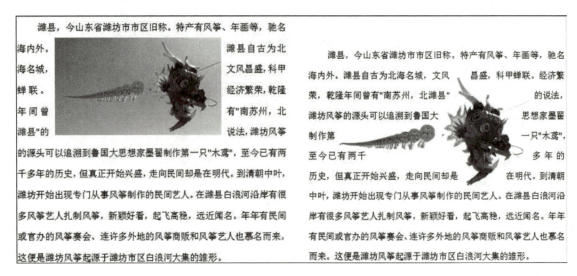

图 2-3-9　"智能抠图"前后图文混排效果对比（续）

3. 其他常用对象的插入与编辑

WPS 文字中插入"截屏"对象，也会显示"图片工具"功能按钮，截屏图片属性设置同图片一样。

插入"形状""图标""文本框""艺术字"对象后，也会在菜单和功能区动态显示相关的功能菜单和按钮，其功能菜单如图 2-3-10 所示。

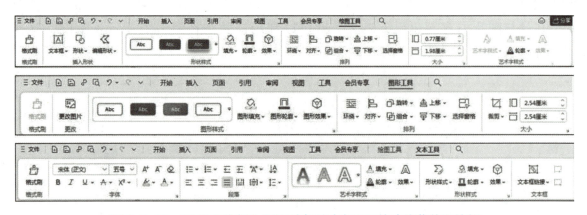

图 2-3-10　WPS 文字插入不同对象后动态显示的功能菜单和按钮

插入"形状"对象后的"绘图工具"选项卡中的功能按钮，主要是对形状的填充、边框、效果、排列方式、大小等属性进行设置，也可以使用 WPS 文字"预设样式"设置形状；插入"图标"后的"图形工具"选项卡中的功能按钮，主要是对图形样式、排列、大小进行设置；插入"文本框"和"艺术字"后，会增加两个选项卡——"绘图工具""文本工具"，主要是因为文本框和艺术字都是有关于形状和文本的属性设置，其中，"绘图工具"与插入"形状"产生的选项卡是一样的，"文本工具"选项卡中的功能按钮主要是对文本框中的文字或艺术字的字体、段落、艺术字样式和形状样式进行设置。

图表、流程图、智能图形、思维导图对象插入时，会弹出对话框，根据操作需要选择相应的模板即可。

4. 设置页面背景

WPS 文字默认页面都是白色的，如果要制作彩色图文混排的文档，对页面背景进行相应的设置，如添加水印、设置页面颜色及页面边框等，可以增强视觉效果。单击"页面"选项卡"效果"组中的功能按钮，就可以对页面背景进行美化，如图 2-3-11 所示。

图 2-3-11　"页面"选项卡中的功能按钮

单击"效果"组中的"页面边框"，即可打开"边框和底纹"对话框，其设置前面已经学习过，在这里不再赘述。"效果"组中的"背景"可以为页面填充颜色、纹理、图案、图片、水印等效果，单击"背景"按钮，在下拉菜单中可以填充标准色、渐变填充、取色器吸取的颜色、其他颜色等，还可以填充图片、其他背景、水印等。在编辑一些重要或特殊文档时，需要添加上水印，例如"绝密""保密""样本"等字样。水印是衬于文字下方的，有图片水印和文字水印两种，可以根据适用的场合选择相应的水印。"背景"下拉菜单如图 2-3-12 所示。

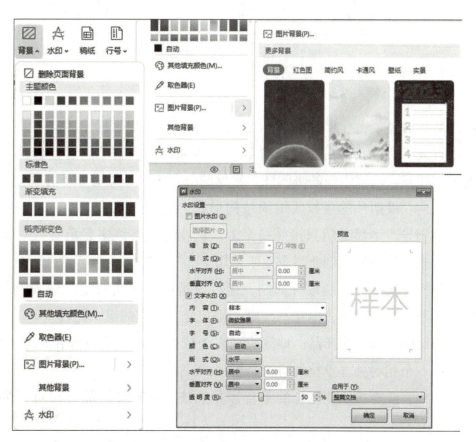

图 2-3-12　"背景"下拉菜单中的"图片背景"和"水印"

5. 分栏

在编辑文档时，如果需要将部分或整篇文档分成具有相同栏宽或者不同栏宽的多栏文字时，可以使用分栏排版。首先选中要分栏的文字内容，单击"页面"选项卡"页面设置"组中的"分栏"按钮，在下拉列表中可以选择"一栏""两栏""三栏""更多分栏"，选择"更多分栏"时，打开"分栏"对话框，可以对栏数、宽度和间距等进行设置，还可以在栏间添加分割线，如图2-3-13所示。

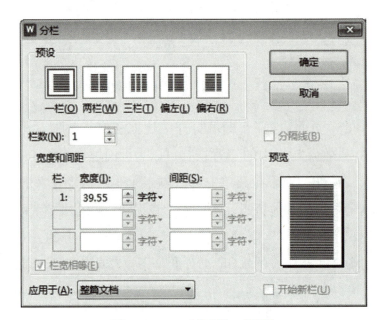

图2-3-13 "分栏"对话框

6. 组织结构图

组织结构图是指通过规范化结构图展示公司的内部组成及职权、功能关系，通过企业组织结构图，可以直观了解公司部门组成及各部门间的关系，使员工们清楚自己和其他部门人员在组织内的工作职权，增强组织的协调性。常见的公司组织结构有如下几种：

直线制组织结构：最简单的集权式组织结构形式，又称军队式结构，企业各级行政单位从上到下实行垂直领导，下属部门只接受一个上级的指令，各级主管负责人对所属单位的一切问题负责，多为规模较小的、创业型企业所采用。

职能型组织结构：又称分职制或分部制，指行政组织同一层级横向划分为若干部门，每个部门业务性质和基本职能相同，但互不统属、相互分工合作的组织体制。

事业部制组织结构：以某个产品、地区或顾客为依据，将相关的研究开发、采购、生产、销售等部门结合成一个相对独立单位的组织结构形式。

矩阵制组织结构：既有按职能划分的垂直领导系统，又有按产品（项目）划分的横向领导关系的结构。

WPS文字中的"智能图形"可用来制作组织结构图。将光标定位到要插入组织结构图的位置，单击"插入"选项卡"对象"组中的"智能图形"，打开"智能图形"对话框，对话框提供了列表、循环、流程、时间轴、组织架构、关系、矩阵、对比 8 种类型的图形样式，要制作组织结构图，则选择"组织架构"选项卡中的"基础图形"，如图 2-3-14 所示，在文档中插入了一个基础的组织架构图形。单击"文本"，此时功能区增加了"设计"和"格式"两个选项卡，如图 2-3-15 所示，根据要制作的组织结构图选择相应的工具按钮进行添加项目、输入内容等操作。

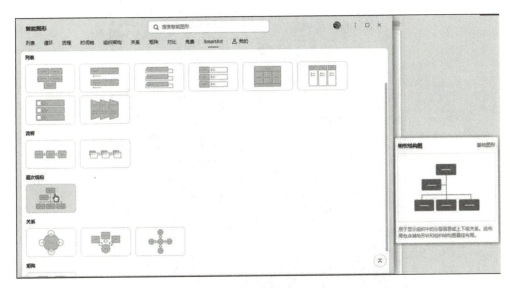

图 2-3-14　使用"智能图形"制作组织结构图

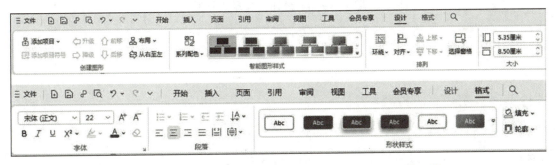

图 2-3-15　"智能图形"的"设计"和"格式"选项卡

"设计"选项卡包含"创建图形""智能图形样式""排列"和"大小"四个功能组，主要用于添加项目、设置智能图形样式，以及对图形排列方式和大小进行设置；"格式"选项卡包含"字体""段落"和"形状样式"三个功能组，主要对智能图形中的单个图形样式和图形中文字的字体、段落进行设置。

任务分析

要制作公司宣传单，首先需要收集公司的相关信息及图片资料，形成公司宣传文案资料；其次要确定公司宣传的设计风格，体现公司文化和经营理念，图文并茂，美观大方。要完成如图 2-3-16 所示的公司宣传单，其操作要求如下：

图 2-3-16　公司宣传单效果图

①启动 WPS，新建空白文字，将文字文稿名改为"公司宣传单（程）"，并保存到办公文件夹中。

②进行页面、页眉页脚设置。

③输入文稿内容，进行字体、段落设置。

④插入图片、形状、艺术字等对象，设置对象环绕方式、效果等。

⑤页面背景设置。

⑥打印文稿。

 **任务实施**

操作步骤如下：

第一步　启动 WPS，录入宣传单内容

2-3-1　制作公司宣传单

单击"开始"菜单，选择"WPS Office"，启动 WPS。选择"新建空白文字"，单击"页面"选项卡，设置纸张为 A4，上、下、左、右页边距均为 2 cm，将文件保存在工作文件夹中，命名为"公司宣传单（程）.wps"。选择输入法，录入宣传单内容，

如图 2-3-17 所示。

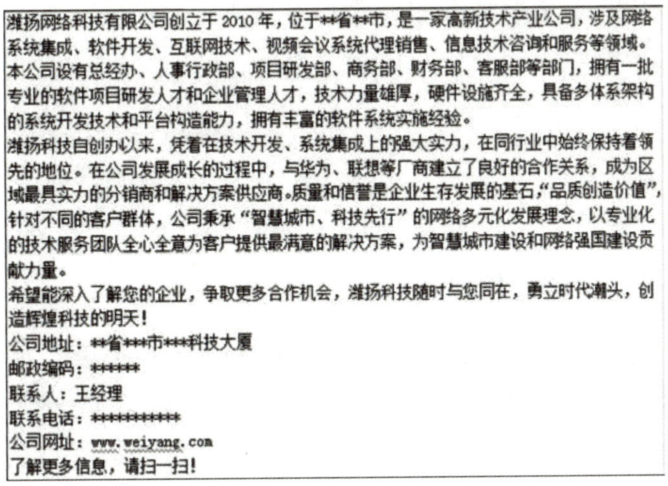

潍扬网络科技有限公司创立于 2010 年，位于 ** 省 ** 市，是一家高新技术产业公司，涉及网络
系统集成、软件开发、互联网技术、视频会议系统代理销售、信息技术咨询和服务等领域。
本公司设有总经办、人事行政部、项目研发部、商务部、财务部、客服部等部门，拥有一批
专业的软件项目研发人才和企业管理人才，技术力量雄厚，硬件设施齐全，具备多体系架构
的系统开发技术和平台构造能力，拥有丰富的软件系统实施经验。
潍扬科技自创办以来，凭着在技术开发、系统集成上的强大实力，在同行业中始终保持着领
先的地位。在公司发展成长的过程中，与华为、联想等厂商建立了良好的合作关系，成为区
域最具实力的分销商和解决方案供应商。质量和信誉是企业生存发展的基石，"品质创造价值"，
针对不同的客户群体，公司秉承"智慧城市、科技先行"的网络多元化发展理念，以专业化
的技术服务团队全心全意为客户提供最满意的解决方案，为智慧城市建设和网络强国建设贡
献力量。
希望能深入了解您的企业，争取更多合作机会，潍扬科技随时与您同在，勇立时代潮头，创
造辉煌科技的明天！
公司地址：** 省 *** 市 *** 科技大厦
邮政编码：******
联系人：王经理
联系电话：***********
公司网址：www.weiyang.com
了解更多信息，请扫一扫！

图 2-3-17　公司宣传单文稿内容

第二步　添加页脚，并对页脚文字进行格式设置

选择"页面"选项卡"页眉页脚"组中的"页眉页脚"按钮，在页脚位置输入"科技成
就梦想 网络改变生活"，设置页脚文字"居中对齐"，"字体"为华文楷体，"字号"为五号，
"字体颜色"为蓝色，添加"阴影"→"外部"→"向右偏移"，如图 2-3-18 所示。

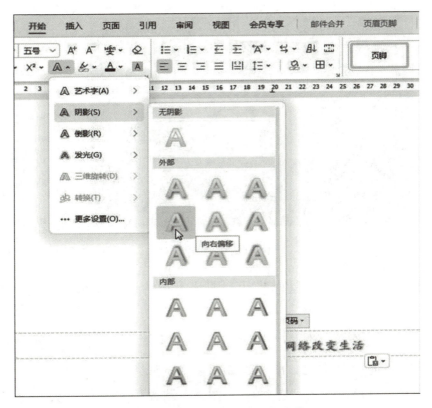

图 2-3-18　为宣传单添加页脚

第三步　设置宣传单文字格式

选中文档中前三段内容，设置"字体"为华文楷体，"字号"为五号，设置段落"首行缩进"2个字符；选择后续的内容，设置"字体"为华文楷体，"字号"为小四，设置段落间距"行距"为22磅。

选择文档第一段内容，单击"页面"选项卡"页面设置"组中"分栏"的下拉按钮，在弹出的下拉菜单中选择"两栏"，此时并不能看到两栏的效果，后续插入其他对象再调整。

第四步　插入图片并设置图片格式

插入图片：在文稿开头插入一行，将光标定位在第一行，单击"插入"→"图片"，在下拉菜单中选择"本地图片"，从素材库中选择相应的图片，插入光标位置，此时图片的默认环绕模式为"嵌入型"，在"段落"对话框中设置"缩进"→"特殊格式"为无。

裁剪图片：选中图片，单击"图片工具"选项卡"大小"组中的"裁剪"按钮，将图片上方裁剪掉一小部分，鼠标单击"裁剪"按钮或者在文稿中任意位置单击就可完成裁剪，如图2-3-19所示。

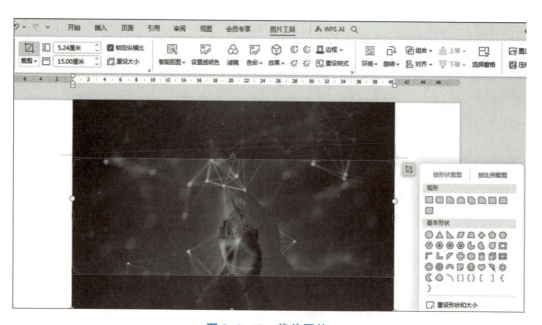

图2-3-19　裁剪图片

调整图片大小：选中图片，将鼠标移动到图片上下的调整大小控点处，进行减小图片高度的操作。

设置图片效果：选中图片，单击"图片工具"选项卡"图片样式"组"效果"下拉菜单中的"柔化边缘"，选择10磅柔化，淡化图片的边缘，如图2-3-20所示。

使用同样方法在文档最后插入"二维码"图片。将光标定位在"扫一扫！"的后面，单击"图片工具"选项卡"常用对象"组"图片"下拉菜单中的"本地图片"，从素材文件夹中选择二维码图片，将二维码图片的文字环绕方式设置为"浮于文字上方"。

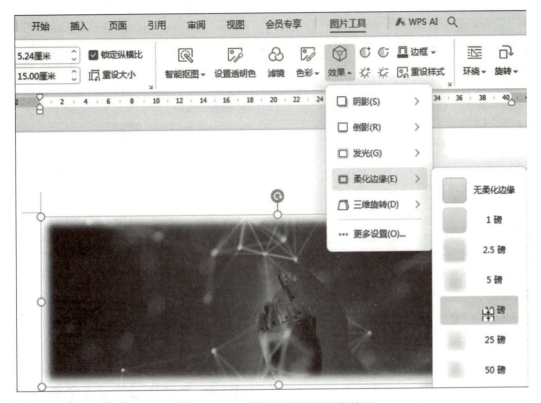

图 2-3-20　设置图片柔化边缘效果

第五步　在文档中制作组织结构图

单击"插入"选项卡"对象"组中的"智能图形",打开"智能图形"对话框,选择"组织架构"选项卡中的"基础图形",如图 2-3-14 所示,就在文档中插入了一个基础的组织架构图形。单击"文本",输入内容,多余的形状可以使用键盘上的删除键删除。添加项目的方式如图 2-3-21 所示,均以"总经理"为选中的项目进行添加。根据要添加的项目跟当前选中的项目之间的关系,再进行项目添加,最终完成基础的组织结构图。

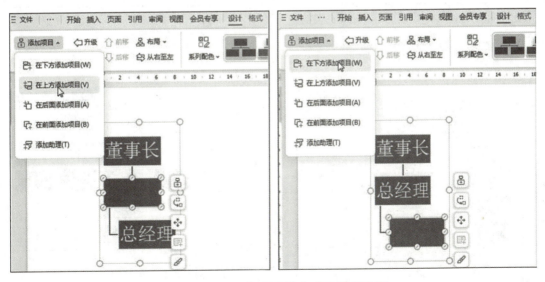

图 2-3-21　添加项目的方式和最终效果

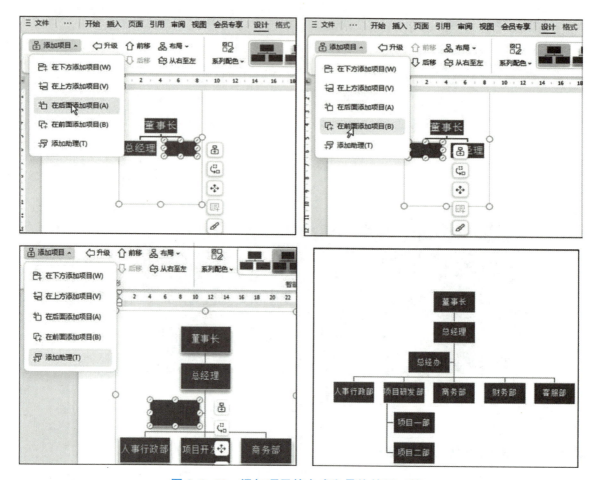

图 2-3-21　添加项目的方式和最终效果（续）

从"设计"选项卡"智能图形样式"组的预设样式中选择带有白色边框和阴影效果的样式，然后单击"系列配色"下拉菜单"彩色"组中的一种样式，完成公司组织结构图的制作，如图 2-3-22 所示。

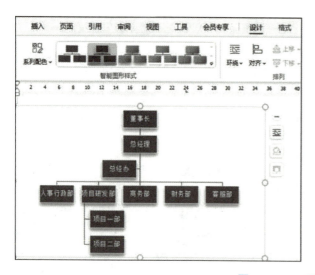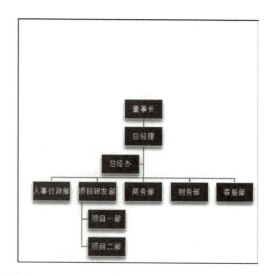

图 2-3-22　设置智能图形样式

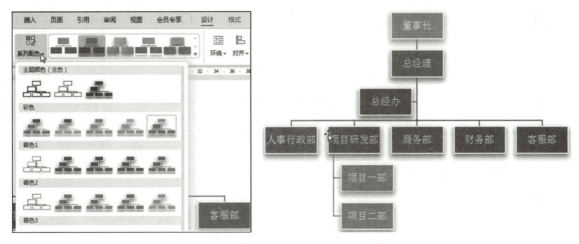

图 2-3-22　设置智能图形样式（续）

　　插入的组织结构图在文档中是"嵌入型"的，单击"设计"选项卡"排列"组中的"环绕"按钮，在下拉菜单中选择"紧密型环绕"，并移动位置（和图 2-3-16 中的位置相近），如图 2-3-23 所示。

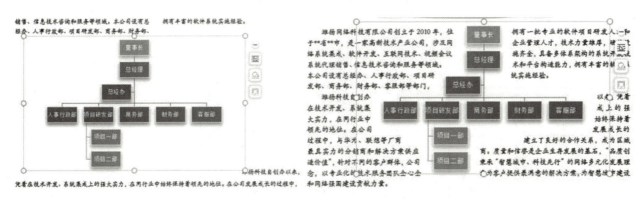

图 2-3-23　在文档中插入组织结构图

第六步　在文档中插入图形对象

　　单击"插入"选项卡"常用对象"组的"形状"，在下拉列表中选择圆角矩形，在文档合适位置拖动鼠标，插入圆角矩形，设置其"环绕"为"四周型环绕"，"轮廓"为"无边框颜色"，"效果"为"阴影"→"向下偏移"。右击圆角矩形，在弹出的快捷菜单中选择"填充图片"→"本地图片"，为圆角矩形插入素材库中的图片，如图 2-3-24 所示。

　　使用同样的方法在文档相应位置插入直线形状，为形状选择合适的预设样式，如图 2-3-25 所示。

第七步　在文档中插入艺术字

　　单击"插入"选项卡"常用对象"组的"艺术字"，在下拉列表中选择"艺术字预设样式"栏中的"渐变填充-矢车菊蓝，着色1，阴影倒影"，在文档开头图片位置单击，输入文字"潍扬科技"，如图2-3-26所示。

①插入形状-圆角矩形

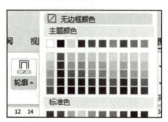
②设置轮廓无边框颜色

③设置形状为四周型环绕效果

④设置形状效果为外部阴影

⑤为形状填充本地图片

图 2-3-24　在文档中插入圆角矩形

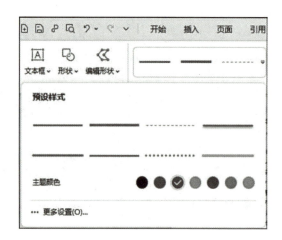

图 2-3-25

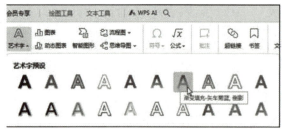
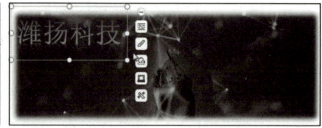

图 2-3-26　插入艺术字

　　鼠标拖动选中文字，设置"字体"为华文隶书、小初、加粗，设置艺术字"效果"为"转换"→"左远右近"，"填充"为"橙色"如图2-3-27所示。

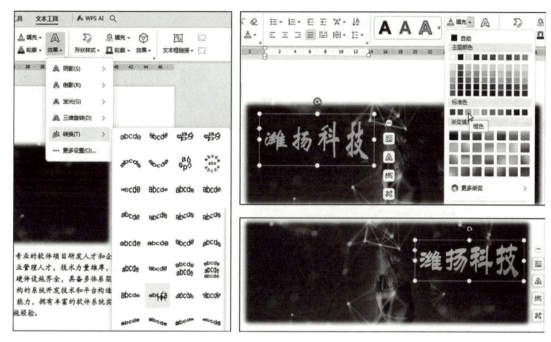

图 2-3-27　设置艺术字效果

第八步　设置文档页面背景

单击"页面"选项卡"效果"组中的"背景"按钮，在下拉菜单中选择"其他背景"→"渐变纹理"，在弹出的"填充效果"对话框中选择"渐变"→"双色"，颜色 1 选择浅蓝，颜色 2 选择深蓝，"底纹样式"选择"水平"，如图 2-3-28 所示，单击"确定"按钮，即可完成文档背景的添加。

图 2-3-28　渐变填充页面背景

59

第九步　文档打印

单击"文件"菜单的"打印"按钮或者"快速访问工具栏"中的"打印"按钮，在弹出的"打印"对话框中选择打印机的类型和页码范围等，单击"确定"按钮，即可完成文档的打印。

 任 务 评 价

根据学习任务的完成情况，对照"观察点"列举的内容进行自评或互评。"观察点"内容可视实际情况在老师引导下拓展。

观察点	☺	☺	☹
文档内容输入无误			
文档字体、段落、页面、页脚设置正确			
文档中插入图片的设置正确			
文档中制作的组织结构图正确			
文档中插入形状的设置正确			
文档中插入艺术字的设置正确			
页面背景设置正确			
整体排版美观大方			

 知 识盘点

本任务围绕企业宣传单的制作，主要介绍了企业宣传单的主要内容，图文混排中常见的图片、形状、艺术字、智能图形等对象的展示效果设置，以及页面背景、页脚、分栏等排版知识。

技 能 拓 展

①合同。

《中华人民共和国民法通则》第85条：合同是当事人之间设立、变更、终止民事关系的协议。依法成立的合同受法律保护。《中华人民共和国合同法》第2条：合同是平等主体的自然人、法人、其他组织之间设立、变更、终止民事权利义务关系的协议。婚姻、收养、监护等有关身份关系的协议，适用其他法律的规定。

企业与员工需要签订劳动合同，劳动合同一般应包括劳动合同期限、工作内容、劳动保护和劳动条件、劳动报酬、劳动纪律、劳动合同终止的条件、违反劳动合同的责任等内容。

②为公司的合同文件添加"保密"字样的水印。

③以网络安全为主题，搜集文字、图片等素材，为公司制作宣传海报。

任务4　制作投标文件

知识目标

1. 掌握 WPS 文字样式的设置；
2. 掌握 WPS 文字长文档目录的生成方法；
3. 掌握 WPS 文字页眉页脚的设置。

能力目标

1. 会使用 WPS 文字进行长文档的排版；
2. 会设置文字文稿中的样式；
3. 能根据需要设置文档的封面、页眉页脚。

素养目标

1. 熟悉投标文件的组成要素，通过投标文件了解网络公司业务范围，提升职业素养；
2. 熟练完成长文档的排版，增强办公实践能力。

 情境导入

　　潍扬网络科技有限公司了解到某学校网络实训室要招标采购设备，将制作标书的任务安排给了小程，小程根据招标文件的要求，对投标所需的公司资质、招标设备的价格等资料做好了充分的准备，通过和市场经理的沟通，目前标书文件内容基本完成了，标书有100多页，需要封面和目录，小程怎么能快速完成排版，做好标书呢？让我们帮小程分析一下任务，动手做起来吧。

　　知识准备

1. WPS 文字的样式

（1）了解样式

　　WPS 文字文稿内容通常包括文字、图、表、批注、页眉页脚等元素，文字还要分为正文、一级标题、二级标题、三级标题、程序代码、脚注等不同格式的内容，在编辑文档时，需要对这些元素进行字体、段落、对齐方式、边框底纹、特殊效果等的设置，如果觉得默认样式不符合自己的排版需求，可以在文档中设置好相应的格式后，使用格式刷来帮助排版，但是这种方法费时费力。样式作为能够系统化管理页面元素的排版工具，可以确保同一种内容元

素格式完全一致，避免重复操作，而且，使用样式之后，可以自动生成目录并设置目录形式，对长文档的排版可以起到事半功倍的效果。

单击"开始"选项卡，在"样式"组中就可以看到系统默认的正文、标题 1、标题 2 等样式，单击下拉按钮，在下拉菜单中可以选择相应的样式，如图 2-4-1 所示。

图 2-4-1　WPS 文字中的"样式"

（2）自定义样式

如果在排版过程中对 WPS 文字内置样式不满意，可以进行自定义样式，对样式的字体、段落等进行设置。新建自定义样式的操作步骤如下：

①单击"样式"组右下角的扩展按钮，打开"样式和格式"任务窗格，单击"新样式"，或者单击"样式"组中内置样式的下拉按钮，在下拉菜单中选择"新建样式"，如图 2-4-2 所示，都可以打开"新建样式"对话框，如图 2-4-3 所示。

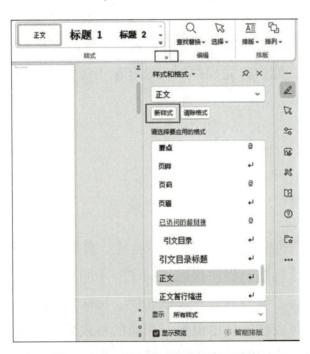

图 2-4-2　"样式和格式"任务窗格

图 2-4-3　"新建样式"对话框

②在"新建样式"对话框"属性"栏的"名称"文本框中输入样式的名称，单击左下角"格式"按钮，在弹出的下拉菜单中选择"段落"命令，如图 2-4-4 所示。

图 2-4-4　定义标书正文段落

③打开"段落"对话框，在"缩进和间距"选项卡的"缩进"栏中设置首行缩进 2 字符，在"间距"栏设置行距为固定值 20 磅，单击"确定"按钮。

④返回"新建样式"对话框，在"格式"栏设置字体为宋体，字号为五号，对齐方式为两端对齐。

⑤单击左下角"格式"按钮，在弹出的下拉菜单中选择"快捷键"命令，可以为新建的样式指定快捷键，如图2-4-5所示。编辑文档时，选择要应用的段落，按下快捷键就可以应用该样式了。

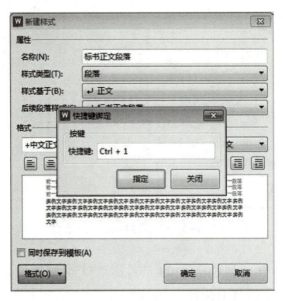

图2-4-5 设置"标书正文段落"快捷键

⑥返回文档，在右侧的"样式和格式"任务栏中就可以看到新建的"标书正文段落"样式了。选择要应用该样式的段落，单击标书正文段落样式，即可应用该样式，如图2-4-6所示。

图2-4-6 新建"标书正文段落"样式

使用同样的方法可以自定义标题 1、标题 2 等其他页面元素的样式。如果对自定义的样式不满意，也可以选择删除或修改，在"样式"组内置样式的下拉菜单中右击需要修改或删除的样式，在弹出的快捷菜单中选择"修改样式"或者"删除样式"即可。

2. 分页符与分节符

在 WPS 文字中，默认整个文档所有的页面是在一个节中的，如果要在文档中采用不同布局的版面，则需要插入分节符。

（1）分页符

在 WPS 文字文稿中输入的内容满一页时，文档中会自动开始新的一页，新的页面属性与之前的页面设置、页眉页脚、页面效果等一样，如果输入的内容未满一页或者需要在特定位置开启新的一页时，可以手动插入分页符，此时，新页面的页面属性同前面也是一样的，即插入分页符的两页都是在一节中的。插入分页符的操作方法如下：

方法一：将光标定位到要分页的位置，单击"页面"选项卡"结构"组中的"分隔符"按钮，在下拉菜单中选择"分页符"，即可进入新的一页进行编辑，也可以单击"结构"组中的"空白页"插入一张空白页，如图 2-4-7 所示。

图 2-4-7　插入分页符

方法二：将光标定位到要分页的位置，单击"插入"选项卡"页"组中的"分页"按钮，在下拉菜单中选择"分页符"，即可进入新的一页进行编辑。

（2）分节符

在 WPS 文字文稿编辑时，如果同一个文档中需要使用不同的版面，例如页面方向、页边距、页眉页脚等有不同的排版需求时，可以使用插入分节符的方法。与分页符的插入方法相同，也可以在"插入"选项卡和"页面"选项卡相应的组中选择插入分节符。使用"插入"

选项卡的操作方法为：将光标定位到要定义不同页面属性的位置，单击"插入"选项卡"页"组中的"分页"按钮，在下拉菜单中选择"下一页分节符"，即可进入新的一页。可以对插入的新页面进行纸张大小、纸张方向、页边距、页眉页脚等版面设计。

在设置分节时，可从下拉菜单中选择合适的分节符类型，主要有以下四个选项：

"下一页分节符"是指分节符及其后面的文本到新的一页中。

"连续分节符"是指插入的新节与前面的节处于同一页中。

"偶数页分节符"是指分节符及其后面的文本转入下一个偶数页中。

"奇数页分节符"是指分节符及其后面的文本转入下一个奇数页中。

插入不同类型的分节符，并对页面进行不同设置，其效果如图2-4-8所示。

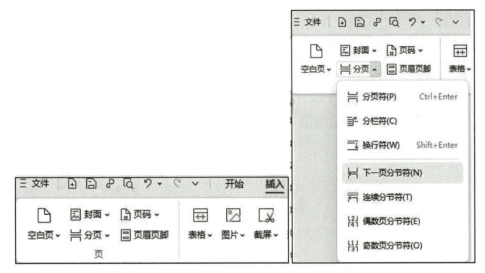

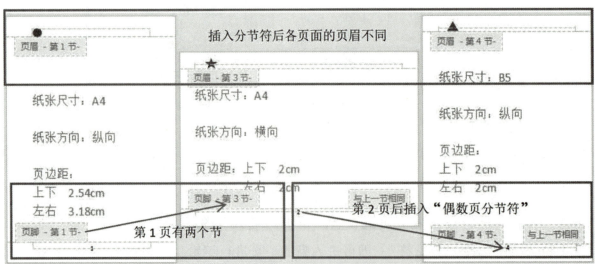

图 2-4-8　插入分节符及其效果

3. 设置页眉页脚

页眉页脚的作用主要是给文档添加页码、时间、单位名称、文档主题等说明性信息，也可以是图形图片等，既可以为文档补充注释信息，也可以美化文档页面。同一节中页眉页脚是一样的，不同节中可以使用"续前节"达到统一的效果，也可以设置每一节独特的页眉页脚效果。设置页眉页脚的操作方法如下。

方法一：单击"页面"选项卡"页眉页脚"组中的"页眉页脚"按钮，即可进入页眉页脚的编辑画面。

方法二：直接在页眉区双击，进入页眉编辑区。

此时，功能区中出现"页眉页脚"选项卡，可以通过单击"页眉页脚"选项卡"导航"组的"页眉页脚切换"按钮，将光标从页眉编辑区转换到页脚编辑区，也可以直接在页脚区单击完成切换，如图2-4-9所示。

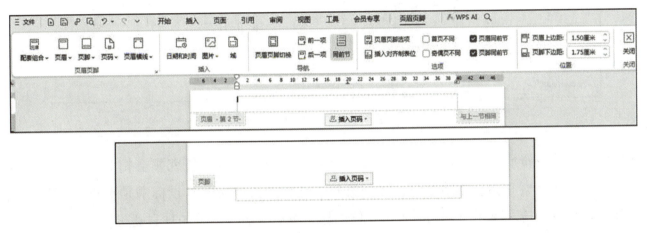

图 2-4-9 插入页眉页脚

在"页眉页脚"选项卡"导航"组中有"同前节"按钮，可以决定相邻两节页眉页脚格式是否相同，如果选择"同前节"，则本节页眉或页脚设置与上一节相同，如图2-4-9中即为同前节，如果没有选择"同前节"，则可实现相邻两节不同的页面或页脚效果，如图2-4-8中的页眉没有选择"同前节"。

4. 引用目录

WPS文字经常用于编辑较长篇幅的文档内容，需要划分多个章节，为了便于快速查找到文档中的内容，需要添加目录。WPS文字提供了根据标题样式提取目录的方法，当然，前提是已经完成了文档的基本排版任务，如标题样式设置、正文字体段落设置、页面设置、页眉页脚设置等。插入目录的操作方法如下：

将光标定位到要插入目录的位置，单击"引用"选项卡"目录"组中的"目录"按钮，在下拉菜单中选择一种目录样式，操作完成后，即可完成目录的创建，图2-4-10所示为投标文件添加了"自定义目录"，生成了4级目录。

5. 投标书

投标书是指拟参与投标的企事业单位按照招标单位下发的招标公告要求，向招标单位提

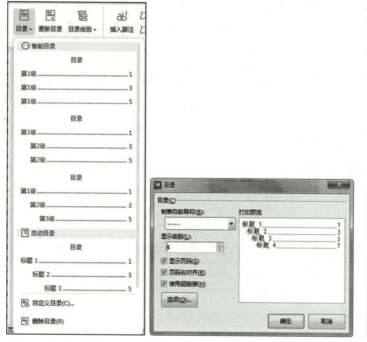
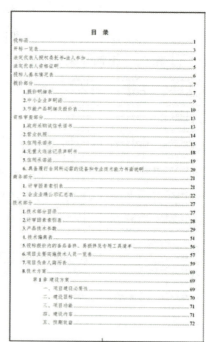

图 2-4-10　生成目录

交的包含报价及资质等信息的文书。拟参与投标的单位需要仔细研究领会招标文件要求，并进行现场实地考察和调查，结合自己实际资质条件编制投标文书。投标书是对招标书提出的条件和要求的响应和承诺，并同时提出具体的标价及有关事项来参与项目竞标。

投标书是招标工作时甲乙双方都要承认遵守的具有法律效应的文件，因此对文件逻辑性要求严格，用语精练简短，对政策法规的理解与执行要准确，可以针对招标书中的歧视性条款提出异议。投标书格式一般由招标公司编制，包括投标方授权代表签署的投标函，投标的具体内容和总报价，承诺遵守招标程序和各项责任、义务，资格审查佐证，商务方案，技术方案，服务方案等内容。

任务分析

制作投标文件是一项很复杂的工作，前期小程已经完成了基本内容的输入，为了顺利生成标书目录，需要对标书文件进行样式、页眉页脚等属性的设置，这里重点学习长文档排版的方法。首先打开 WPS 文档"投标书（程）"，完成标书封面设计、分节符的插入、样式的创建、页眉页脚的编辑等基本操作，从而快速生成目录，完成投标文件的制作，部分排版效果图如图 2-4-11 所示。操作要求如下：

①启动 WPS，打开素材库中的"投标书（程）"。

②制作投标文件封面页。

③设置文档的页眉页脚。

④创建四级标题样式并应用于文档中。

⑤生成目录。

⑥完成文档打印。

图 2-4-11　投标文件（部分）效果图

操作步骤：

第一步　打开投标文件

打开素材文件夹，找到"投标书（程）.docx"文件，双击打开。

第二步　制作封面页

将光标定位在文档开头，单击"页面"选项卡"效果"组中的"封面"，在弹出的"预设封面页"中选择"稻壳封面页"→"标书"选项卡，找到合适的模板，单击"立即使用"，即可在文档中插入封面页，WPS文字为封面页单独插入一个节，与后面的文档内容不是同一个节，便于进行不同版面设计，如图2-4-12所示。

2-4-2　制作封面
操作视频

图2-4-12　插入封面页模板

根据投标书内容要求，将封面信息填写完整，效果图如图2-4-13所示。

第三步　设置文档的页眉页脚

将光标定位到第2页正文内容，单击"页眉"选项卡中的"页眉页脚"按钮，进入页眉编辑区，输入"潍扬网络科技有限公司投标文件"，单击"开始"选项卡"段落"组中的"边框"按钮，选择"下框线"，

2-4-3　页眉页脚
设置操作视频

完成页眉的制作，如图 2-4-14 所示。

图 2-4-13　封面页效果

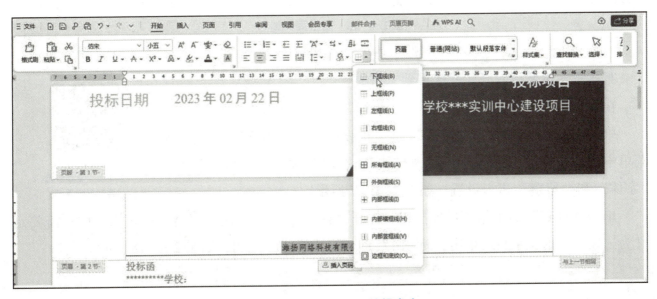

图 2-4-14　在页眉区编辑内容

单击"页脚"区，在页脚编辑区选择"插入页码"，在弹出的对话框中选择"样式""位置"和"应用范围"，如图2-4-15所示，完成页脚区页码的添加。

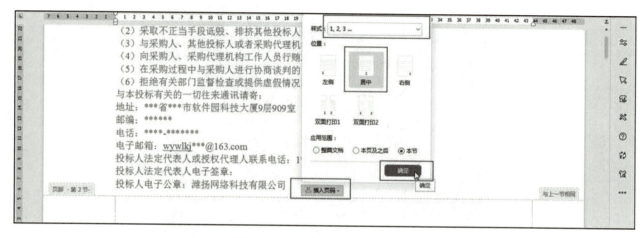

图2-4-15　在页脚区插入页码

在后面的文档中，如果不是同一个节，页码可能会出现不连续的情况，这时候也可以双击页脚区，选择"重新编号"下拉菜单中的"页码编号续前节"，也可以指定"页码编号设为"某一个页码数值，如图2-4-16所示。如果对插入的页码格式不满意，可以"删除页码"重新插入，也可以选择"页码设置"，对页码样式等重新设计，如图2-4-15所示。

图2-4-16　设置页码编号

第四步　设置标题样式并应用到文档中

在本文档中设置了四级标题，以一级标题为例，操作步骤如下：

单击"开始"选项卡"样式"组"预设样式"下拉按钮，在下拉菜单中右击"标题1"，选择"修改样式"，在"修改样式"对话框中对"字体"和"段落"进行设置，如图2-4-17所示。

2-4-4　设置标题样式操作视频

单击"样式"右下角的扩展按钮，打开"样式和格式"任务窗格，将光标定位到需要定义为一级标题的文字行，单击"标题1"即可完成样式的应用，如图2-4-18所示。

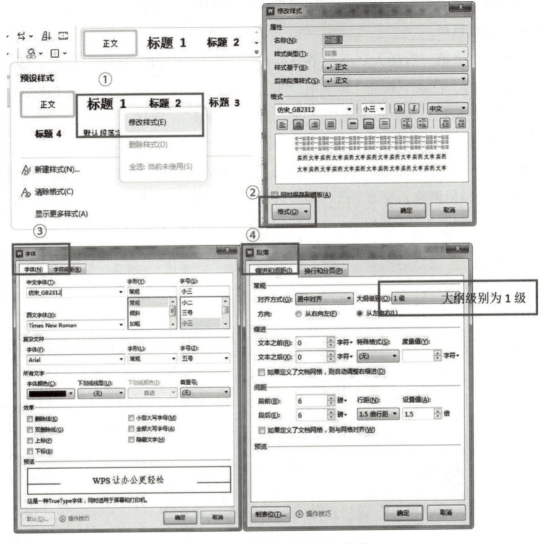

图 2-4-17　修改"标题 1"样式

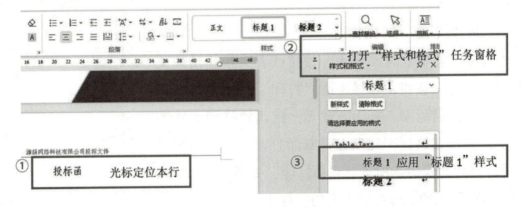

图 2-4-18　应用样式

用同样的方法完成标题2、标题3、标题4和正文等样式的修改和应用，完成全文排版。

第五步　生成目录

在第2页正文页第一行插入"下一节分页符"，单击"引用"选项卡"目录"组中的"目录"按钮，或者在"页眉"选项卡"结构"组中单击"目录页"按钮，在下拉菜单中选择"自定义目录"，弹出"目录"对话框，选择"显示级别"为"4"，目录就插入第2页中，在目录第一行开头插入一个空行，输入"目录"，应用"标题1"样式。取消正文页眉页脚的"续前节"，将目录页的页眉删除，变为空白，页脚区的"页码格式"设置为"Ⅰ，Ⅱ，Ⅲ…"，完成目录页的制作，如图2-4-19所示。

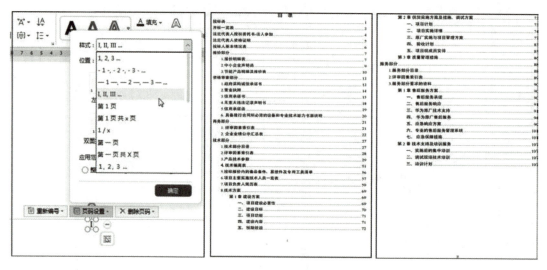

图2-4-19　设置目录页页码格式

如果对目录的格式不满意，可以选中目录中的部分内容进行字体和段落格式的设置。

第六步　文档打印

单击"文件"菜单中的"打印"按钮或者"快速访问工具栏"中的"打印"按钮，在弹出的"打印"对话框中选择打印机的类型、页码范围、打印方式等，默认的打印方式为"单面打印"，但长文档打印建议选择双面打印，可以根据打印机的类型，选择相应的选项进行双面打印，如图2-4-20所示，单击"确定"按钮，即可完成文档的打印。

 任 务 评 价

根据学习任务的完成情况，对照"观察点"列举的内容

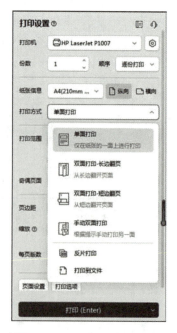

图2-4-20　打印方式设置

进行自评或互评。"观察点"内容可视实际情况在老师引导下拓展。

观察点	☺	☺	☹
封面页设计是否美观			
文档页眉页脚的设置是否合理			
四级标题样式的修改和应用是否正确			
目录的排版是否简洁大方			

本任务围绕长文档的排版，主要介绍了封面页的插入、页眉页脚的设置、样式的修改与引用、目录的生成等相关知识。在长文档排版中，分节符的使用和样式的定义是非常关键的两个知识点，要熟练掌握。页眉页脚的设置和分节符的搭配使用可以使文档排版更加具有创意。

1. 文档的审阅与修订

在文档的编辑中，如果还需要多人参与内容的修订，可以使用审阅和修订模式，对文档进行批注和修订，便于了解他人对文档提出的修改意见。

（1）插入批注

批注是文稿编辑者或审阅者为文档添加的注释或批阅意见。将光标定位到文档中需要添加批注的位置，单击"审阅"选项卡"批注"组中的"插入批注"按钮，即可在光标所在行的右侧增加一行批注框，直接输入批注文字即可，如图 2-4-21 所示。

图 2-4-21　插入批注信息

（2）文档修订模式

当文档开启修订模式后，文档编辑者所做的修改均会在右侧的区域显示出来，可根据修订模式下的修改情况选择是否接受修订意见。单击"审阅"选项卡中的"修订"按钮即可开启修订模式，打开"修订"下拉菜单还可以对修订的标记和批注框格式、用户信息进行设置，如图2-4-22所示。

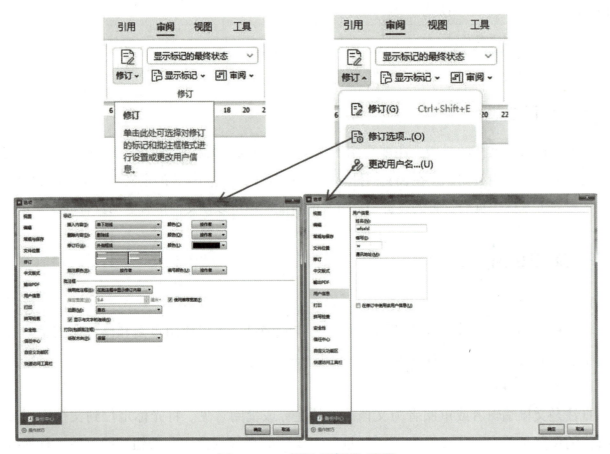

图 2-4-22　修订"选项"设置

文档在修订模式下，编辑者可以选择接受或者拒绝所做的修改，如图2-4-23所示，根据下拉菜单中的选项进行选择。

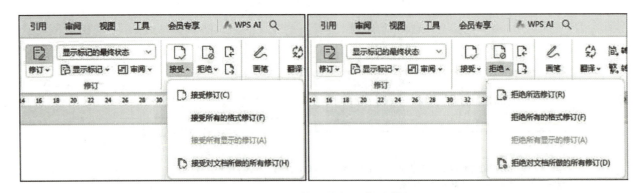

图 2-4-23　接受修订和拒绝修订

2. 文档中插入题注与脚注

在 WPS 文字中，为了帮助阅读者更好地理解文稿内容，可以在文档中添加题注或者脚注，用于对文档内容进行详细的解读。一般会在图表的上方或者下方添加题注，而在页面底端位置为正文中的内容添加脚注，如论文作者信息、古诗词字词解释等。

（1）插入题注

选中要添加题注的图、表等对象，单击"引用"选项卡中的"题注"按钮，弹出"题注"对话框，可以设置标签的名字和位置。单击"编号"可以在弹出的"题注编号"对话框中对题注编号的样式进行定义，如图 2-4-24 所示。

图 2-4-24　添加题注

规范 WPS 文档中图表对象的题注编号，可以方便后续使用插入表目录的方法生成图表的目录体系，单击"引用"选项卡"题注"组中的"插入表目录"即可完成，如图 2-4-25 所示。

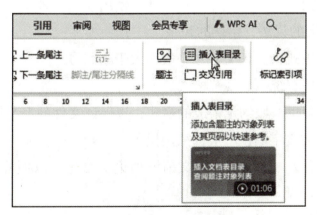

图 2-4-25　插入表目录

（2）插入脚注

插入脚注后，会在页面底部显示注释信息，将光标移动到要插入脚注的位置，单击"引用"选项卡"脚注与尾注"组中的"插入脚注"按钮，在页面底端出现脚注内容输入框，输入相应信息即可。

3. 完成排版

请同学根据素材包提供的论文完成排版。注意论文中引用文献时添加的脚注。

📝 理论延伸

一、单选题

1. 下列关于"邮件合并"的描述，错误的是（ ）。

A. 邮件合并可以用来批量制作版式和内容基本相同，只有少数内容不同的文档

B. 灵活使用邮件合并功能可以避免大量重复工作

C. 使用邮件合并功能自动创建的文档，其内容是自动生成的，不允许修改

D. 邮件合并就是从已有数据表中批量取出数据，自动合并到文档的指定位置内容中

2. 如果希望保留对文稿的修改痕迹，可以使用WPS的（ ）功能。

A. 插入备注　　　　　　　　　　　B. 格式刷

C. 查找和替换　　　　　　　　　　D. 修订和审阅

3. 在进行制表位对齐操作时，标尺的主要作用是（ ）。

A. 观察是否对齐　　　　　　　　　B. 通过拖曳标尺控制缩进

C. 设置和调整制表位位置　　　　　D. 控制文字间距

4. 如果需要在WPS文档中插入一个数学公式，最好的方法是（ ）。

A. 使用插入公式功能　　　　　　　B. 使用插入图片功能

C. 使用插入表格功能　　　　　　　D. 使用插入对象功能

5. 下列关于商务文档的说法，错误的是（ ）。

A. 为了节约纸张，正式公文正文字号一般不大于小四号

B. 党政机关公文文档有统一的规范格式

C. 企业商务文档一般也按照约定俗成的格式，以保证文件的严肃性

D. 正式公文中，正文文字颜色一般都采用黑色

6. 小张完成了毕业论文，现需要在正文前添加论文目录，以便检索和阅读，最优的操作方法是（ ）。

A. 手动输入的方式创建目录

B. 直接输入作为目录的标题文字和相对应的页码创建目录

C. 将文档的各级标题设置为内置标题样式，然后基于内置标题样式自动插入目录

D. 不使用内置标题样式，而是直接基于自定义样式创建目录

二、填空题

1. WPS 文字提供了全屏显示、阅读版式、写作模式、_____、_____ 和 Web 版式视图 6 种视图模式。

2. 邮件合并的数据源可以是_____、_____、_____ 和文本文件中的数据，也可以选择数据库、网页等文件中的数据。

3. 图片常见的环绕方式有_____、_____、_____、穿越型、上下型、浮于文字上方、衬于文字下方等。

模块 3　表格数据管理

模块导读

WPS 表格是一款功能强大的电子表格软件，它提供了极强的公式、函数、数据排序、筛选、分类汇总以及图表等功能。使用这些功能，可以帮助用户进行数据管理、数据分析和数据可视化。WPS 表格使用广泛，适用于各种行业和领域，如财务管理、项目管理、数据分析、市场营销等。它可以帮助用户更高效地处理和分析数据，提供决策支持，并提高工作效率。

本模块重点学习如何使用 WPS 表格进行数据的分析与处理。

素材下载

本模块任务一览表

任务	关联的知识、技能点	建议课时	备注
任务 1　制作产品销售表	行和列操作、模块基本操作、表格样式的设置、数据有效性、简单函数、公式的使用等	4	每个任务都可通过扫描二维码获得视频解说，含详细的操作步骤及重难点的讲解
任务 2　统计分析产品销售情况	输入和编辑表格数据、计算表格数据、数据排序、数据筛选、高级筛选、复杂函数的使用、分类汇总、制作数据透视图和数据透视表、图表分析等	6	
任务 3　制作动态考勤表	自动显示星期、自动计算当月的天数、设定特殊考勤标志、自动考勤统计等	6	

任务 1　制作产品销售表

知识目标

1. 了解 WPS 表格的操作界面及常见工具的功能特点；

2. 掌握 WPS 表格的新建、打开、保存、另存为及复制、移动和重命名等的操作方法；

3. 掌握单元格数据的录入、修改操作，以及数据的有效性检查，并能对其进行单元格格式的设置；

4. 掌握表格样式的设置方法；

5. 掌握简单函数、公式的使用方法。

能力目标

1. 会使用 WPS 创建、编辑、保存表格，并能复制、移动和重命名工作表；

2. 会使用对话框设置检查数据的有效性，能制作下拉列表，并能设置显示非法数据；

3. 能应用样式设置表格，并能修改样式；

4. 能使用常用函数和公式进行数据处理。

素养目标

1. 通过制作网络设备销售日报表，让学生熟悉常见路由器型号及价格信息，加深对国产网络设备的了解，树立网络强国意识；

2. 熟练完成表格制作及数据处理，增强办公实践能力。

🔧 情境导入

销售部经理需要小程制作一份无线路由器销售日报表。在销售表中要求包括品牌、型号、商品价格、销售价格、销售数量、金额、利润等数据。现在他需根据实际情况，设计并制作和录入相关数据，下面让我们一起跟着小程做起来吧。

知识准备

1. WPS 表格基础知识

WPS 表格使用菜单和功能区按钮组合的用户界面，方便用户选择所需的命令按钮，用户界面如图 3-1-1 所示。

WPS 表格的工作界面主要包括标签区、窗口控制区、功能区、名称框、编辑栏、工作表编辑区、工作表标签、状态栏、视图控制区等。

图 3-1-1　WPS 表格用户界面

WPS 表格采用选项卡式界面，通过不同选项卡将功能区中各种命令呈现出来，方便用户的使用。WPS 表格的工作界面如图 3-1-2 所示。

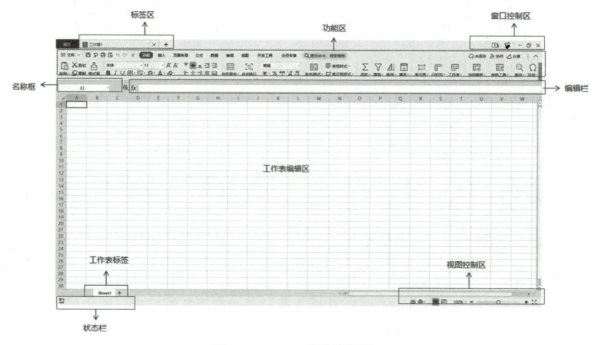

图 3-1-2　WPS 表格操作界面

2. 数据有效性

数据有效性是对单元格或单元格区域输入的数据从内容到数量上的限制。对于符合条件的数据，允许输入；对于不符合条件的数据，则禁止输入。这样就可以避免出现输入错误的情况，从而提高表格的质量。此外，设置有效性还可以节省用户的时间，减少数据录入的工作量。

数据有效性是 WPS 表格的一项非常有用的功能，位于功能区"数据"选项卡"有效性"选项组中，如图 3-1-3 所示。

图 3-1-3　数据有效性功能区

操作方法如下：

①选择要设置数据有效性的单元格或者单元格区域，单击"数据"选项卡中的"有效性"下拉按钮，在下拉列表中选择"有效性"命令，弹出"数据有效性"对话框，如图 3-1-4 所示。

在"数据有效性"对话框中，有 3 个选项卡，分别是"设置""输入信息"和"出错警告"。

"设置"选项卡用来指定有效性条件，可以在"允许"下拉框中选择条件类型，然后在下拉列表框或文本框中选择或输入相应的条件（"允许"下拉框中的选项不同，随后的条件选取控件也会发生变化）。此外，如果选取了"忽略空值"复选框，则允许输入空值；如果选取了"对所有同样设置

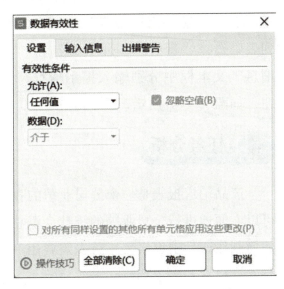

图 3-1-4　"数据有效性"对话框

的其他所有单元格应用这些更改"复选框，则会将对某个或某些单元格设置所做的修改应用到所有包含该数据有效性设置的其他单元格。

"输入信息"选项卡用于当用户选取已设置了数据有效性的单元格时，显示的提示信息。可以设置提示信息的标题，将会在信息框顶部以粗体出现。

"出错警告"选项卡用于当用户在设置了数据有效性的单元格中，输入了不符合要求的数据时，给出的警告信息提示。可以有 3 种样式：停止、警告、信息，分别对应不同的提示样式以及单击提示框中的按钮时的不同效果。

可以取消勾选"输入无效数据时显示出错警告"复选项，以允许用户在设置了数据有效性的单元格中输入其他不在规则范围内的数据。

②设置有效性条件。在弹出的"数据有效性"对话框中设置有效性条件。在"允许"下拉框中选择条件类型，然后在下拉列表框或文本框中选择或输入相应的条件（"允许"下拉框中的选项不同，随后的条件选取控件也会发生变化），最后单击"确定"按钮，如图 3-1-5 所示。

③设置输入信息。在"数据有效性"对话框中，单击"输入信息"选项卡，打开输入信息界面，设置输入信息。

④设置出错警告。为防止信息录入出错，可以通过数据有效性功能进行"出错警告"设置。在

图 3-1-5　设置数据有效性

"有效性"下拉菜单中选择"有效性"命令，在打开的对话框中选择"出错警告"选项卡，在"样式"下拉列表中选择"警告"提示类型，在"标题"和"错误消息"文本框中分别输入提示信息，单击"确定"按钮，如图3-1-6所示。

图3-1-6 设置出错警告

任务分析

产品销售报表是一个公司业绩的直观反应，使用它可以方便地进行公司业绩的统计、汇总。这里重点学习如何制作产品销售报表。首先需要用 WPS 表格的新建、打开、保存功能来创建一个新工作簿，熟悉 WPS 表格的工作界面，掌握 WPS 新建、保存文字文稿等基本操作。然后将销售数据录入报表中，对报表的格式进行美化设计，再根据需要进行报表中数据的计算与处理。操作要求如下：

①启动 WPS，创建 WPS 工作簿，整理销售数据，填写销售日报表。

②调整和美化工作表。

③设置数据有效性、计算金额和利润，对数据进行计算与处理。

④设置打印页面，打印工作表。

任务实施

操作步骤：

第一步 启动 WPS

依次单击"开始"→"所有程序"→"WPS Office"，启动 WPS。启动后，选择"新建空白表格"。

第二步 录入相关文字和数据

在 B1 单元格中输入"潍扬网络科技有限公司无线路由器销售日报表"，在 B2 单元格输入"时间:"，在 H2 单元格中输入"制表人:"在 B3、C3、D3、E3、F3、G3、H3、I3 单元格中分别输入文字"序号""品牌""型号""商品价格""销售价格""销售数量""金额"和"利润"等表头项目，如图3-1-7所示。

A	B	C	D	E	F	G	H	I	J
	潍扬网络科技有限公司无线路由器销售日报表								
	时间:	X月X日					制表人:	XXX	
	序号	品牌	型号	商品价格	销售价格	销售数量	金额	利润	

图3-1-7 输入报表表头

第三步　保存销售报表

选择"文件"菜单→"保存"命令，弹出"另存文件"对话框，在"保存位置"下拉列表中选择表格的保存位置，然后在"保存类型"下拉列表框中选择表格的保存类型，最后在"文件名"文本框中输入文件名称"潍扬网络科技有限公司无线路由器销售日报表"，也可以在文件名后添加时间以便查找，如"潍扬网络科技有限公司无线路由器销售日报表20230612"。完成以上操作后，单击"保存"按钮，完成新文件簿的保存。

第四步　整理销售数据，填写销售日报表

根据潍扬网络科技有限公司无线路由器日销售情况，填写销售报表中的数据。

第五步　调整和美化工作表

输入数据后，通常还需要对单元格设置相关的格式，以美化表格，具体操作如下：

①设置单元格格式。选中 B1：I1 单元格区域，单击"开始"选项卡中的"合并居中"按钮，将单元格合并。选中 B1：I19 区域，在"开始"选项卡中单击"垂直居中"和"水平居中"按钮，将工作表中的数据设置为居中对齐。设置字体字号，调整行高和列宽。

②设置表格样式。WPS 表格中内置了多种表格样式，用户可以套用表格样式快速设置工作表的样式。选中 B1：I19 区域，在"开始"选项卡下单击"表格样式"下拉按钮，在弹出的下拉列表中选择任一种表格样式，如图 3-1-8 所示。

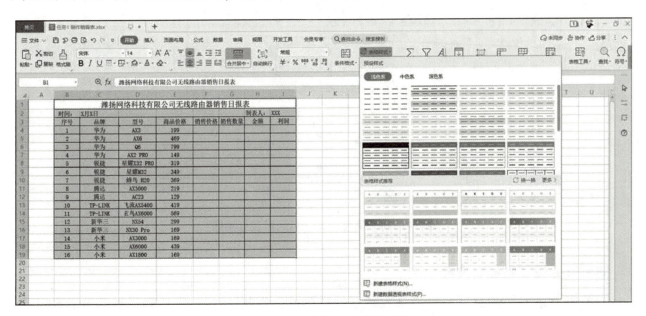

图 3-1-8　选择"表格样式"

在弹出的"套用表格样式"对话框中单击"确定"按钮，这样就将工作表中的数据套用表格样式，如图 3-1-9 所示。

调整和美化后的工作表效果如图 3-1-10 所示。

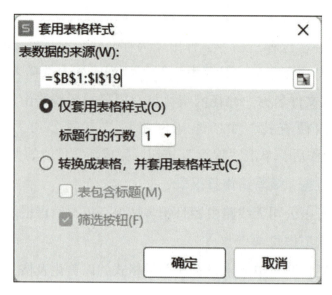

图 3-1-9 套用表格样式

潍扬网络科技有限公司无线路由器销售日报表							
时间：X月X日					制表人：	XXX	
序号	品牌	型号	商品价格	销售价格	销售数量	金额	利润
1	华为	AX3	199				
2	华为	AX6	469				
3	华为	Q6	799				
4	华为	AX2 PRO	149				
5	锐捷	星耀X32 PRO	319				
6	锐捷	星耀M32	349				
7	锐捷	蜂鸟 H20	369				
8	腾达	AX3000	219				
9	腾达	AC23	129				
10	TP-LINK	飞流AX5400	419				
11	TP-LINK	玄鸟AX6000	569				
12	新华三	NX54	299				
13	新华三	NX30 Pro	169				
14	小米	AX3000	169				
15	小米	AX6000	439				
16	小米	AX1800	169				

图 3-1-10 调整和美化后的报表效果图

第六步 设置数据有效性

为了避免录入错误数据，提高录入数据的准确性，在报表中，对 F 列设置只允许输入 1~1 000 之间的数值。"出错警告"设置样式为"停止"，标题为"输入有误"，错误信息为"销售价格须在 1~1 000 之间"。具体操作方法如下：

选中 F4：F19 单元格区域，在"数据"选项卡中单击"有效性"按钮，弹出"数据有效性"对话框。在"设置"选项卡"允许"下拉列表中选择"整数"选项，然后在下方文本框中输入最小值 1，最大值 1 000，如图 3-1-11 所示。最后选择"出错警告"选项卡，在"样式"下拉列表中选择"停止"选项，在"标题"文本框中输入文字"输入有误"，在"错误信息"文本框中输入文字"销售价格须在 1—1 000 之间"，如图 3-1-12 所示，单击"确定"按钮完成设置。

图 3-1-11　设置数据有效性

图 3-1-12　设置出错警告

通过有效性设置，控制"品牌"列允许输入的数据为"华为，锐捷，腾达，TP-LINK，新华三，小米"。

打开"数据有效性"对话框，在"设置"选项卡中，"有效性条件"设置为："允许"下拉选择"序列"，单击"来源"编辑框右侧的折叠按钮，切换到日报表，选中 C2:C19 单元格，范围地址自动填写在"来源"文本框中。单击折叠按钮返回到"数据有效性"对话框，输入"华为，锐捷，腾达，TP-LINK，新华三，小米"，此时需要注意输入的品牌名称中间须使用英文符号逗号，单击"确定"按钮，完成下拉选项设置。

第七步　计算金额和利润

在报表中应用公式，完成 H 列"金额"和 I 列"利润"的计算。金额=销售价格＊销售数量，利润=（销售价格-商品价格）＊销售数量。WPS 表格中的公式以"="开始。

①将光标定位于 H4 单元格，在单元格中输入"=F4＊G4"，按 Enter 键即可求出"销售金额"。

②选取 H4 单元格，移动鼠标到 H4 单元格的右下角，当光标变成黑色实心的十字形状时按住鼠标不放，拖动到 H19 单元格，释放鼠标左键可以完成其他单元格数据的填充，如图 3-1-13所示。

③将光标定位于 I4 单元格，输入"=（F4-E4）＊G4"后，按下 Enter 键，计算出 I4 单元格中的利润值，选取 I4 单元格，移动鼠标到 I4 单元格的右下角，当光标变成黑色实心的十字

形状时按住鼠标不放，拖动到 H19 单元格，释放鼠标左键可以完成其他单元格数据的填充，如图 3-1-14 所示。

潍扬网络科技有限公司无线路由器销售日报表

时间：	X月X日				制表人：	XXX
序号	品牌	型号	商品价格	销售价格	销售数量	金额	利润
1	华为	AX3	199	299	15	4485	
2	华为	AX6	469	599	35	20965	
3	华为	Q6	799	899	45	40455	
4	华为	AX2 PRO	149	199	18	3582	
5	锐捷	星耀X32 PRO	319	429	13	5577	
6	锐捷	星耀M32	349	499	19	9481	
7	锐捷	蜂鸟 H20	369	619	10	6190	
8	腾达	AX3000	219	359	40	14360	
9	腾达	AC23	129	179	38	6802	
10	TP-LINK	飞流AX5400	419	589	36	21204	
11	TP-LINK	玄鸟AX6000	569	629	28	17612	
12	新华三	NX54	299	379	25	9475	
13	新华三	NX30 Pro	169	229	39	8931	
14	小米	AX3000	169	269	51	13719	
15	小米	AX6000	439	549	26	14274	
16	小米	AX1800	169	229	30	6870	

图 3-1-13　计算金额

潍扬网络科技有限公司无线路由器销售日报表

时间：	X月X日				制表人：	XXX
序号	品牌	型号	商品价格	销售价格	销售数量	金额	利润
1	华为	AX3	199	299	15	4485	1500
2	华为	AX6	469	599	35	20965	4550
3	华为	Q6	799	899	45	40455	4500
4	华为	AX2 PRO	149	199	18	3582	900
5	锐捷	星耀X32 PRO	319	429	13	5577	1430
6	锐捷	星耀M32	349	499	19	9481	2850
7	锐捷	蜂鸟 H20	369	619	10	6190	2500
8	腾达	AX3000	219	359	40	14360	5600
9	腾达	AC23	129	179	38	6802	1900
10	TP-LINK	飞流AX5400	419	589	36	21204	6120
11	TP-LINK	玄鸟AX6000	569	629	28	17612	1680
12	新华三	NX54	299	379	25	9475	2000
13	新华三	NX30 Pro	169	229	39	8931	2340
14	小米	AX3000	169	269	51	13719	5100
15	小米	AX6000	439	549	26	14274	2860
16	小米	AX1800	169	229	30	6870	1800

图 3-1-14　计算利润

第八步　打印工作表

①设置页面：设置页面纸张方向、纸张大小和页边距。在"页面布局"选项卡下单击"纸张方向"下拉按钮，在弹出的下拉列表中选择"横向"命令，如图 3-1-15 所示。在"页面布局"选项卡单击"纸张大小"下拉按钮，在弹出的下拉菜单中选择"A4"命令，如图 3-1-16 所示。在"页面布局"选项卡下单击"页边距"下拉按钮，在弹出的下拉菜单中选择需

要的页边距样式即可，如图 3-1-17 所示。

图 3-1-15　设置纸张方向

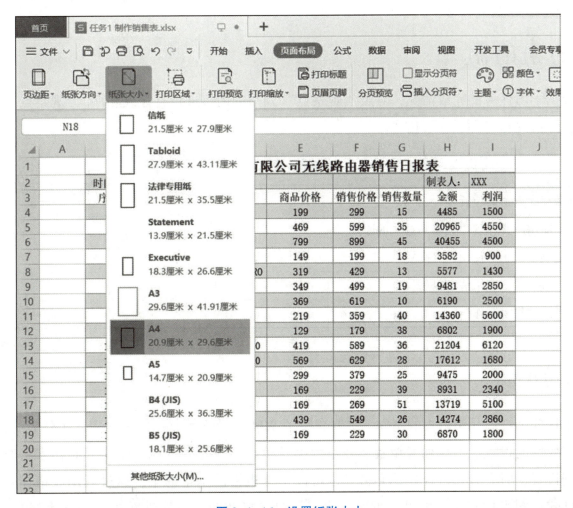

图 3-1-16　设置纸张大小

②按 Ctrl+P 组合键，打开"打印"对话框，在对话框中，可以设置打印份数、页码范围、打印内容、是否双面打印，以及选择打印机等，如图 3-1-18 所示。

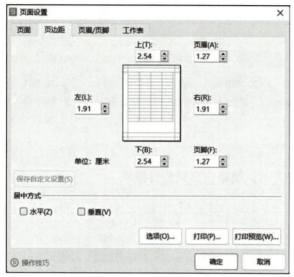

图 3-1-17　设置页边距　　　　　　　　　　图 3-1-18　打印工作表

任 务 评 价

根据学习任务的完成情况，对照"观察点"列举的内容进行自评或互评。"观察点"内容可视实际情况在老师引导下拓展。

观察点	☺	😐	☹
文件保存在合适的位置			
文件名简洁，并体现"见名知意"的原则			
没有错别字，正确使用标点符号			
数据一目了然，表格清晰美观			
完成产品销售表制作			

知 识盘点

本任务围绕产品销售表的制作，主要介绍了 WPS 表格单元格格式的设置、工作表的美化、数据有效性的设置、下拉列表设置、表格数据计算、表格打印的相关知识。制作表格时，应用行列设置、对齐方式、合并单元格等，可以构建表格的基本框架；通过套用表格样式、单元格样式、图表样式等，可以一键设置表格、单元格及图表的属性，快速美化表格与图表；通过数据验证可对输入的内容进行有效性控制，提高数据输入的规范性；通过输入公式可以进行基本的数据运算。

技能拓展

1. 使用批注为单元格添加注释信息

批注的作用主要是对某个单元格进行文字性的说明和注解，在 WPS 表格中，可以通过批注的形式为单元格内容添加注释信息。可以编辑批注中的文字，也可以删除不再需要的批注。

例如，为销售报表中的"华为"添加批注，批注的内容为"产地：深圳"，操作步骤如下。

①打开"潍扬网络科技有限公司无线路由器销售日报表 .xlsx"文件，单击需要添加批注的单元格，即表格中的 C4 单元格。

②单击"审阅"选项卡中的"新建批注"按钮，如图 3-1-19 所示。此时，所选单元格的右侧会出现一个"批注"编辑框，并在编辑框显示计算机的用户名称。

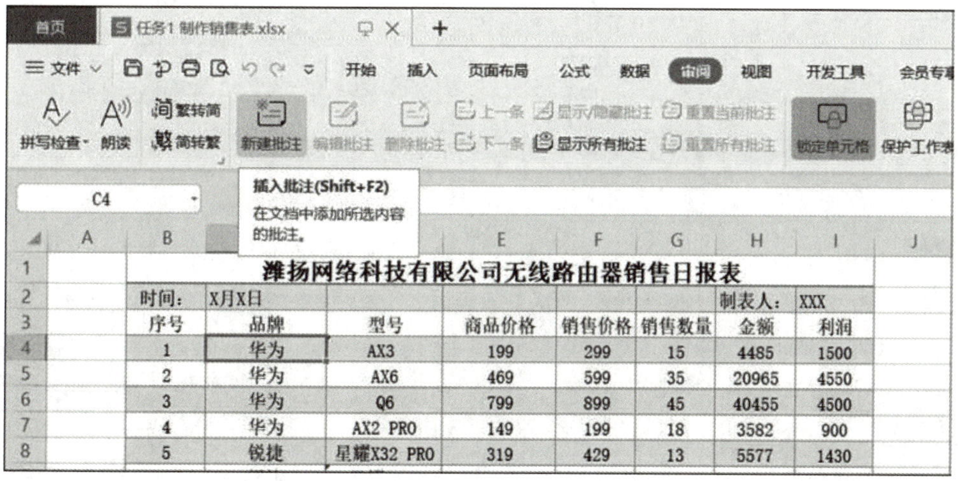

图 3-1-19　新建批注

③输入批注的内容"产地：深圳"，即可完成批注的添加，如图 3-1-20 所示。

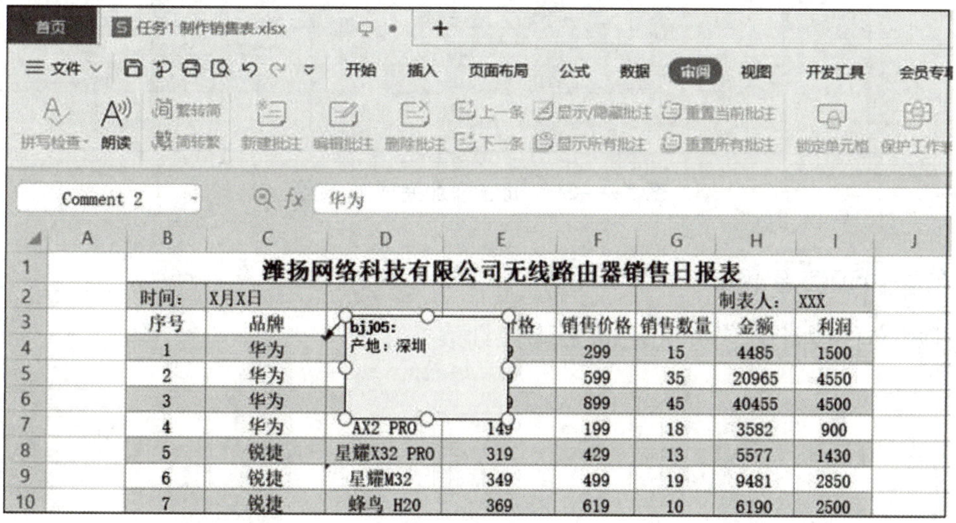

图 3-1-20　添加批注

④当批注添加完成后，单击工作表中的其他位置，便可退出批注的编辑状态。此时批注内容呈隐藏状态，但会在单元格的右上角出现一个红色的三角标识符用于提醒用户此单元格中含有批注。移动光标至该单元格，可以从弹出的批注框中查看批注的内容，如图 3-1-21 所示。

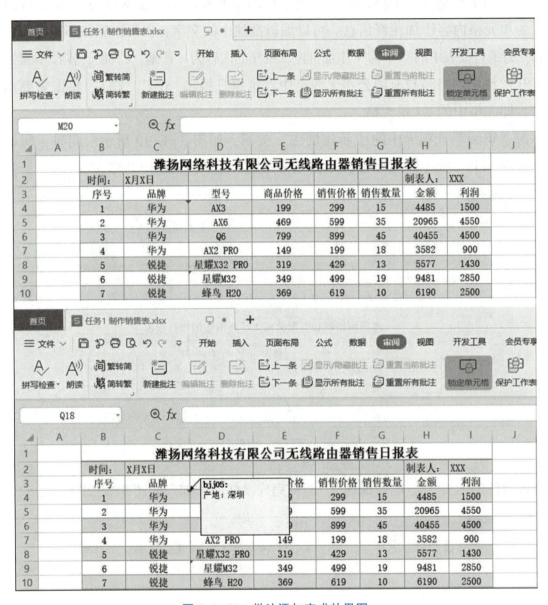

图 3-1-21　批注添加完成效果图

2. 制作公司员工信息表

请利用素材文件设计制作办公用品采购计划表。

任务 2　统计分析产品销售情况

知识目标

1. 掌握数据排序和筛选方法；

2. 理解分类汇总的意义；

3. 掌握 WPS 表格的计算，以及公式和主要函数的使用；

4. 掌握图表基本制作及美化方法；

5. 掌握数据透视表的功能、用途、操作和基本技巧。

能力目标

1. 能完成基本排序与自定义排序，能完成筛选与高级筛选的操作；

2. 能完成多级分类汇总；

3. 会应用函数进行数据计算；

4. 能制作各种功能丰富的图表、透视表。

素养目标

加强合作精神；树立职业理想。

情境导入

小程认真完成了主管交待的数据整理工作，得到了肯定。月初，主管要求小程对上月销售数据进行汇总统计，做进一步的深入分析，以便了解当月实际销售情况。为了更细致地把握市场动态，主管安排小程对销售数据做进一步的统计分析，以便能全方位多角度了解销售业绩。小程决定好好迎接这次挑战，下面我们和小程一起来完成这项任务吧！

知识准备

1. 冻结窗格

当 WPS 工作表中含有大量的数据信息，窗口显示不便于用户查看时，可以冻结工作表窗格。"冻结"工作表后，工作表滚动时，窗口中被冻结的数据区域不会随工作表的其他部分一起移动，可以更方便地查看工作表的数据信息。在 WPS 表格中，冻结工作表、取消冻结工作表的方法如下。

打开工作簿，选中目标行，单击"视图"选项卡中的"冻结窗格"下拉按钮，在下拉列表中选择相应命令，完成对选定数据行的冻结。此时拖动工作表滚动条查看表中的数据，被冻结的行始终显示在最上方，如图 3-2-1 所示。

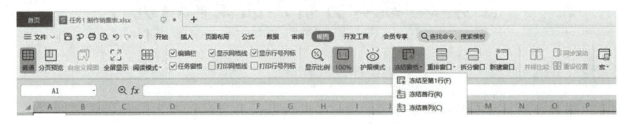

图 3-2-1　冻结窗口

单击"视图"选项卡中的"冻结窗格"下拉按钮，在下拉列表中选择"取消冻结窗格"命令，即可取消冻结，如图 3-2-2 所示。

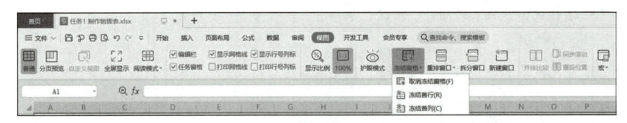

图 3-2-2　取消冻结窗口

2. 条件格式

条件格式是指当单元格中的数据满足某一个设定的条件时，系统会自动将其以设定的格式显示出来，从而使表格数据更加直观。在编辑工作表时，可以使用条件格式将满足条件的单元格以较醒目的方式显示，以便更清楚地查看工作表数据。

条件格式的设置方法如下：

①选中单元格区域。选择需要设置条件格式的单元格区域。

②设置数据突出显示。单击"开始"选项卡中的"条件格式"下拉按钮，在弹出的下拉菜单中选择"突出显示单元格规则"命令；在弹出的下级菜单中选择相应的规则，如图 3-2-3 所示。

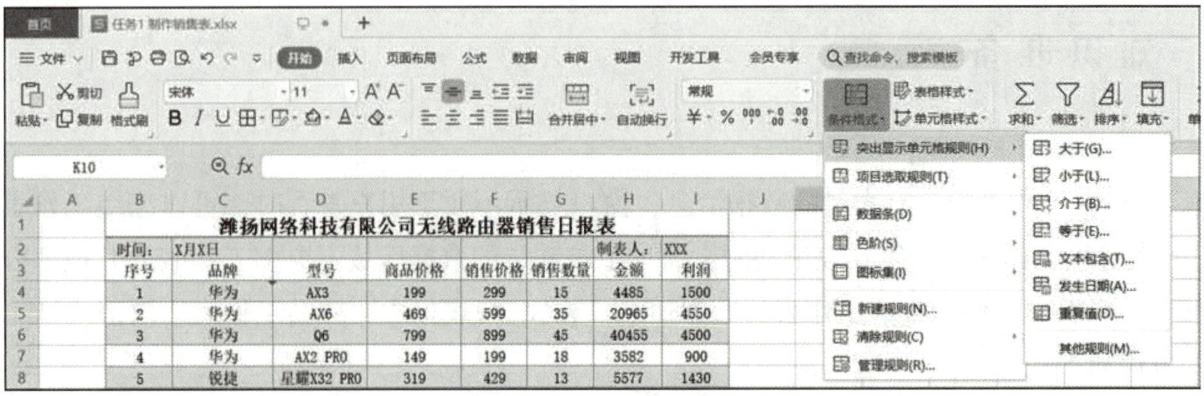

图 3-2-3　设置条件格式

在"开始"选项卡"样式"组的"条件格式"下拉菜单中单击"新建规则"命令，可以在弹出的"新建格式规则"对话框中自定义条件格式规则，设置完成后，单击"确定"按钮即可，如图 3-2-4 所示。

图 3-2-4　新建规则

③设置突出显示单元格的样式。弹出条件设置对话框，在"设置为"下拉列表框中设置突出显示单元格的样式，如图 3-2-5 所示。也可以自定义格式，如图 3-2-6 和图 3-2-7 所示。

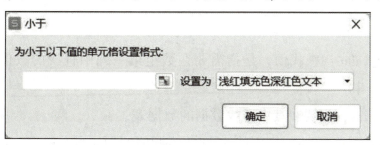

图 3-2-5　设置条件

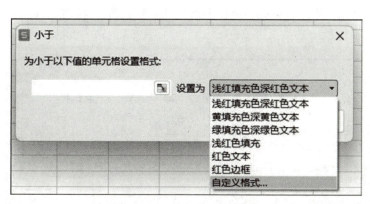

图 3-2-6　自定义格式

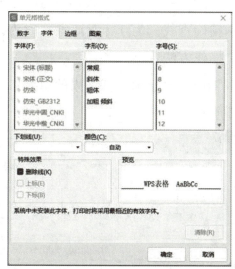

图 3-2-7　设置单元格格式

95

④单击"确定"按钮确认设置，返回工作表，即可将所选单元格区域中符合条件的单元格以设置的格式显示。

条件格式的应用方式有很多，使用条件格式功能除了可以突出显示单元格，还可以利用数据条、色阶、图标集等对单元格数据进行标识，便于用户在浏览表格的过程中快速识别一系列数值中存在的差异。

如果需要清除设置的条件格式，可以单击"开始"选项卡"条件格式"下拉按钮，在打开的下拉菜单中选择"清除规则"命令，在弹出的下级菜单中选择需要清除的条件格式区域即可。

3. VLOOKUP 函数

VLOOKUP 函数是 WPS 表格中非常实用的函数之一，是最常用的查找和引用函数，它可以帮助用户快速查找表格中的特定值，并返回与之相关联的其他信息。无论是在工作中还是在日常生活中，都可以使用 VLOOKUP 函数来提高工作效率和准确性。

语法：

VLOOKUP（查找值，数据表，列序数，[匹配条件] lookup_value，table_array，col_index_num，range_lookup）

参数：

查找值:lookup_value：查找值，是指需要在数组第一列中查找的数值。查找值可以为数值、引用或文本字符串。

数据表:table_array：需要在其中查找数据的数据表。

列序数:col_index_num：数据表中待返回的匹配值的列序号。

匹配条件:range_lookup：指明函数 VLOOKUP 返回时是精确匹配还是近似匹配。设置为 0 表示精确查找，为 1（或缺省）时为模糊查找。

操作方法：

①选中要显示计算结果的单元格，单击"公式"选项卡中的"插入函数"按钮，如图 3-2-8 所示。

图 3-2-8　插入函数

②打开"插入函数"对话框，在搜索框中输入 VLOOKUP，选择函数，单击"确定"按钮，如图 3-2-9 所示。

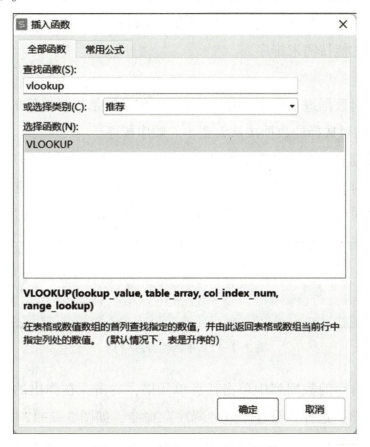

图 3-2-9　插入 VLOOKUP 函数

③设置函数参数。弹出"函数参数"对话框，设置查找值、数据表、列序数、匹配条件，单击"确定"按钮，如图 3-2-10 所示。

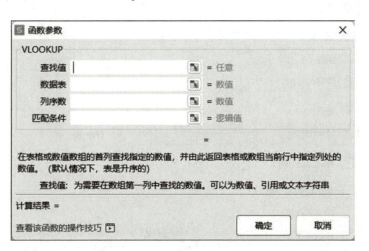

图 3-2-10　VLOOKUP 函数

④查看计算结果。返回工作表，即可在单元格中显示出计算结果。

4. 数据排序

分析数据时，最常用的就是对数据进行排序。在 WPS 表格中，对数据内容排序的方法有很多种，可以按照一个条件排序，也可以按照多个条件排序，还可以按照笔画进行排序，这需要掌握一定的技巧才能按需求排序。

（1）单条件排序

单条件排序就是对数据进行升序或降序排列。"升序"是指对选择的数据按从小到大的顺序排序，"降序"是指对选择的数据按从大到小的顺序排序。

按一个条件对数据进行升序或降序排序方法主要有两种。具体操作方法如下。

方法一：在需要排序的数据列中单击任意单元格，单击"开始"选项卡中的"排序"按钮，在弹出的下拉菜单中选择"升序"或"降序"命令，如图 3-2-11 所示。

图 3-2-11　单条件排序（1）

方法二：在需要排序的数据列中单击任意单元格，右击，在弹出的快捷菜单中选择"排序"命令，弹出子菜单，选择"升序"或"降序"命令，如图 3-2-12 所示。

图 3-2-12　单条件排序（2）

（2）多条件排序

多关键字排序是对工作表中的数据按两个或两个以上的关键字进行排序，此时需要在"排序"对话框中进行操作，设置主要关键字、次要关键字。具体操作方法如下：

在需要排序的数据列中单击任意单元格，单击"开始"选项卡中的"排序"按钮，在弹出的下拉菜单中选择"自定义排序"命令，打开"排序"对话框，设置主要关键字、排序依据、次序。单击"添加条件"按钮，设置次要关键字、排序依据、次序，单击"确定"按钮，如图 3-2-13 所示。

图 3-2-13　多条件排序

5. 数据筛选

数据筛选是将数据列表中满足条件的数据显示出来，不满足条件的数据暂时隐藏起来。筛选分为自动筛选、自定义筛选和高级筛选。

自动筛选是按照选定的内容进行筛选，主要用于简单条件的筛选和指定数据的筛选。

自定义筛选是在自动筛选的基础上进行操作，提供了多条件定义的筛选，在筛选数据时更灵活。

当需要筛选的数据区域中的数据信息很多，同时筛选的条件又比较复杂时，使用高级筛选能够提高工作效率。方法如下：

①设置条件区域。在数据区域右侧建立一个筛选条件区域，分别输入列标题和筛选的条件。注意，输入的标题应与数据区域的标题字段相同。

②单击"高级筛选"按钮。单击"数据"选项卡中第 1 组右下角的"高级筛选"按钮，如图 3-2-14 所示。

图 3-2-14　高级筛选

③设置高级筛选相关参数。打开"高级筛选"对话框，设置筛选的相关参数，单击"确定"按钮，如图3-2-15所示。

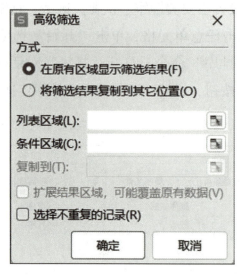

图3-2-15　"高级筛选"对话框

④返回工作表，即可看到符合条件的筛选结果。

6. 分类汇总

利用WPS提供的分类汇总功能，可以将表格中的同类数据集中显示出来，便于查找和分析数据信息。当进行分类汇总时，WPS表格会分级显示数据，以便为每个分类区域显示汇总数据和隐藏明细数据。为了达到预期的汇总效果，在分类汇总之前，应当以需要进行分类汇总的字段为关键字进行排序。

分类汇总操作步骤如下：

①排序。按分类汇总的字段排序，排序后，相同的记录被排在一起。

②单击"分类汇总"按钮。单击工作表中的任意单元格，单击"数据"选项卡中的"分类汇总"命令，如图3-2-16所示。

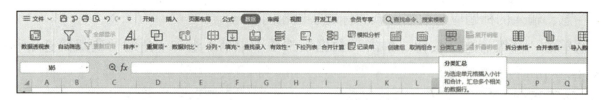

图3-2-16　分类汇总

③设置分类汇总条件。打开"分类汇总"对话框，在"分类字段"下拉列表框中选择要进行分类汇总的字段；在"汇总方式"下拉列表框中选择需要的汇总方式；在"选定汇总项"列表框中设置要进行汇总的项目，单击"确定"按钮，如图3-2-17所示。

分类字段表示按照哪个字段进行分类汇总。汇总方式一般有求和、求平均值、最大值、最小值、计数等方式，汇总项是选择针对哪些数据进行汇总。

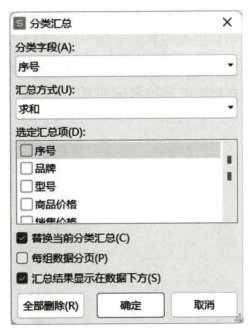

图 3-2-17　"分类汇总"对话框

④返回工作表即可看到工作表数据已经完成分类汇总。分类汇总后，工作表左侧会出现一个分级显示栏，通过分级显示栏中的分级显示符号可分级查看相应的表格数据。

7. 数据透视表

数据透视表是 WPS 进行数据分析和处理的重要工具。数据透视表具有强大的交互性，通过它可以快速对工作表中大量的数据进行分类汇总分析。数据透视表融合了数据排序、筛选及分类汇总等数据分析手段的优势，让用户轻松调整汇总方式，通过灵活的布局调整，数据透视表能够全方位、多角度且动态地统计和剖析数据，以多样化形式凸显数据特征，并从大量数据中高效提炼有价值的信息。

数据透视表的创建非常简单，只需要连接到一个数据源并输入报表的位置即可。创建数据透视表的具体方法如下：

①单击"数据透视表"按钮。选择要作为数据透视表数据源的单元格区域，单击"插入"选项卡中的"数据透视表"按钮，如图 3-2-18 所示。

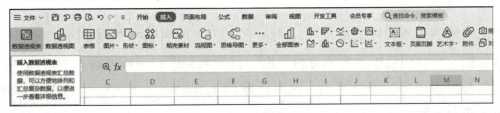

图 3-2-18　数据透视表

②设置数据透视表相关参数。打开"创建数据透视表"对话框，在"请选择要分析的数据"栏中设置单元格区域。在"请选择放置数据透视表的位置"栏中选择数据表要放置的位置，选中"新工作表"单选按钮；单击"确定"按钮，如图 3-2-19 所示。

③创建透视表。此时将在新工作表中创建一个空白数据透视表，打开"数据透视表"任务窗格，在窗格中勾选要添加到报表的字段对应的复选框，即可创建出带有选定字段数据的数据透视表，如图 3-2-20 所示。

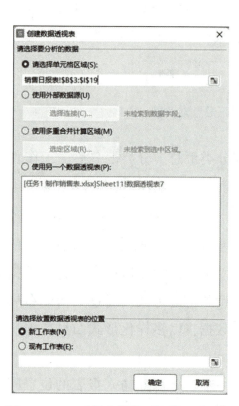

图 3-2-19　"创建数据透视表"对话框

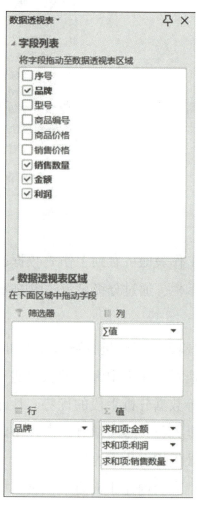

图 3-2-20　创建数据透视表

④在数据透视表以外单击任意单元格，即可退出数据透视表的编辑状态。

8. 数据透视图

数据透视图是数据透视表的可视化应用，它以图表的形式将数据展示出来，可以直观地查看和分析数据。要使用数据透视图分析数据，首先要创建一个数据透视图。在 WPS 表格中，用户可以使用源数据创建数据透视图，也可以利用现有数据透视表创建数据透视图。数据透视图的创建方法与数据透视表的创建方法相似，首先需要连接到一个数据源，并输入透视图的位置，然后添加需要显示的字段数据即可。

（1）利用源数据创建数据透视图

选择数据区域中的任意单元格，单击"插入"选项卡中的"数据透视图"按钮，打开"创建数据透视图"对话框，在"请选择要分析的数据"栏中设置要分析的数据单元格区域。在"请选择放置数据透视表的位置"栏中选择数据表要放置的位置，有"新工作表"和"现有工作表"两个选项，可选中"新工作表"按钮，单击"确定"按钮。返回工作表即可看到在新工作表中创建了一个空白数据透视图。在"数据透视图"任务窗格中勾选需要显示的字段，将按照选定字段产生数据透视图和数据透视表。

（2）利用现有数据透视表创建数据透视图

如果已经创建好数据透视表，可以利用现有的数据透视表快速创建数据透视图。

选中数据透视表中的任意单元格，在"分析"选项卡中单击"数据透视图"按钮，如图3-2-21所示。在弹出的"插入图表"对话框中选择图表类型和样式，单击"插入"按钮，如图3-2-22所示。返回工作表，即可看到已创建好一个数据透视图。

图 3-2-21　"数据透视表"按钮

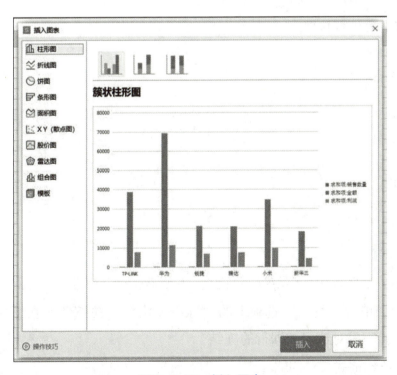

图 3-2-22　插入图表

9. 图表

图表能将工作表中的数据用图形表示出来，WPS 表格提供了多种类型的图表，能够清楚地显示各个数据的大小和变化情况趋势，以便用户分析数据。图表创建步骤如下：

①选中需要创建图表的数据区域，单击"插入"选项卡中的"全部图表"按钮，打开"插入图表"对话框。

②选择一种图表类型，插入图表。在图表右侧，利用浮动按钮可以设置图表元素、图表样式和图表区域格式。

插入图表后，可以进一步对图表进行编辑，如调整大小、更改图表类型和添加数据标签等。创建和编辑图表后，用户可以根据自己的喜好对图表布局和样式进行设置，美化图表。

任务分析

在企业营销活动中，通过对销售数据进行分析，可以及时掌握销售计划完成的情况，有助于管理者掌握销售波动和客户需求情况的变化，捕捉市场反馈的信息。小程需要制作的是图文并茂的产品销售表，需要对报表中的数据进行一些统计工作，主要应用条件格式、公式和函数、排序、筛选、分类汇总、数据透视图等知识，最后以图表的形式将销售数据展现出来，操作要求如下：

①冻结窗口，方便后续输入数据。

②设置条件格式，突出显示数据。

③使用公式和函数计算数据。

④对数据进行排序。

⑤对数据进行筛选。

⑥创建分类汇总。

⑦创建图表。

任务实施

操作步骤：

第一步　冻结窗口

在"销售日报"工作表中，将标题行冻结，方便后续输入数据。

选中第 1~3 行，单击"视图"选项卡的"冻结窗格"下拉按钮，在下拉列表中选择"冻结至第 3 行"命令，完成对选定数据行的冻结。

第二步　设置条件格式

设置条件格式，将销售数量高于 20 的单元格突出显示。

选中 G4：G19 单元格区域，单击"开始"→"条件格式"→"突出显示单元格规则"命令，在右侧展示的命令列表中选择"大于"命令，打开"大于"对话框，在"为大于以下值的单元格设置格式"下方输入"20"，在"设置为"下拉列表中，选择的格式为"浅红填充色深红色文本"，如图 3-2-23 所示，单击"确定"按钮完成。条件格式设置效果图如图 3-2-24 所示。

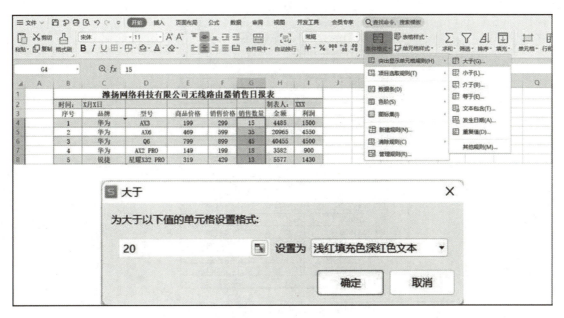

图 3-2-23　设置条件格式

序号	品牌	型号	商品价格	销售价格	销售数量	金额	利润
1	华为	AX3	199	299	15	4485	1500
2	华为	AX6	469	599	35	20965	4550
3	华为	Q6	799	899	45	40455	4500
4	华为	AX2 PRO	149	199	18	3582	900
5	锐捷	星耀X32 PRO	319	429	13	5577	1430
6	锐捷	星耀M32	349	499	19	9481	2850
7	锐捷	蜂鸟 H20	369	619	10	6190	2500
8	腾达	AX3000	219	359	40	14360	5600
9	腾达	AC23	129	179	38	6802	1900
10	TP-LINK	飞流AX5400	419	589	36	21204	6120
11	TP-LINK	玄鸟AX6000	569	629	28	17612	1680
12	新华三	NX54	299	379	25	9475	2000
13	新华三	NX30 Pro	169	229	39	8931	2340
14	小米	AX3000	169	269	51	13719	5100
15	小米	AX6000	439	549	26	14274	2860
16	小米	AX1800	169	229	30	6870	1800

图 3-2-24　设置条件格式效果图

第三步　填充商品编号信息

在商品价格列之前插入一列，列标题为商品编号。使用 VLOOKUP 函数将商品编号填充到"销售日报表"的"商品编号"列中，企业销售产品清单如图 3-2-25 所示。

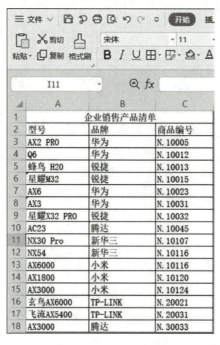

图 3-2-25　企业销售产品清单

操作步骤如下：

①选中 E 列，右击，在弹出的快捷菜单中单击"插入"命令，输入列数 1，即可在商品价格列前插入一列，如图 3-2-26 所示。

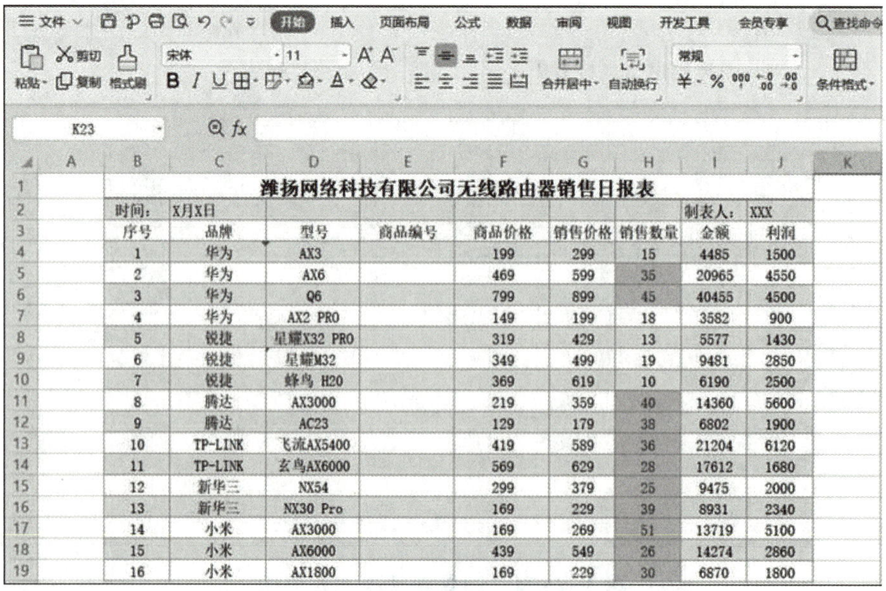

图 3-2-26　插入商品编号列

②选中 E4 单元格，单击"公式"选项卡中的"插入函数"按钮，打开"插入函数"对话框，在搜索框中输入 VLOOKUP，选择函数，单击"确定"按钮，弹出"函数参数"对话框，设置查找值为商品型号 D 列、数据表为企业产品清单中的 A：C 列、列序数为 3、匹配条件设置为 0，单击"确定"按钮，如图 3-2-27 所示。

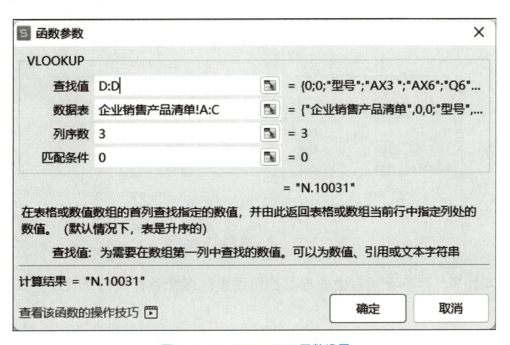

图 3-2-27　VLOOKUP 函数设置

③返回工作表，即可在 E4 单元格中显示出结果。双击填充柄，即可完成编号填充，如图 3-2-28 所示。

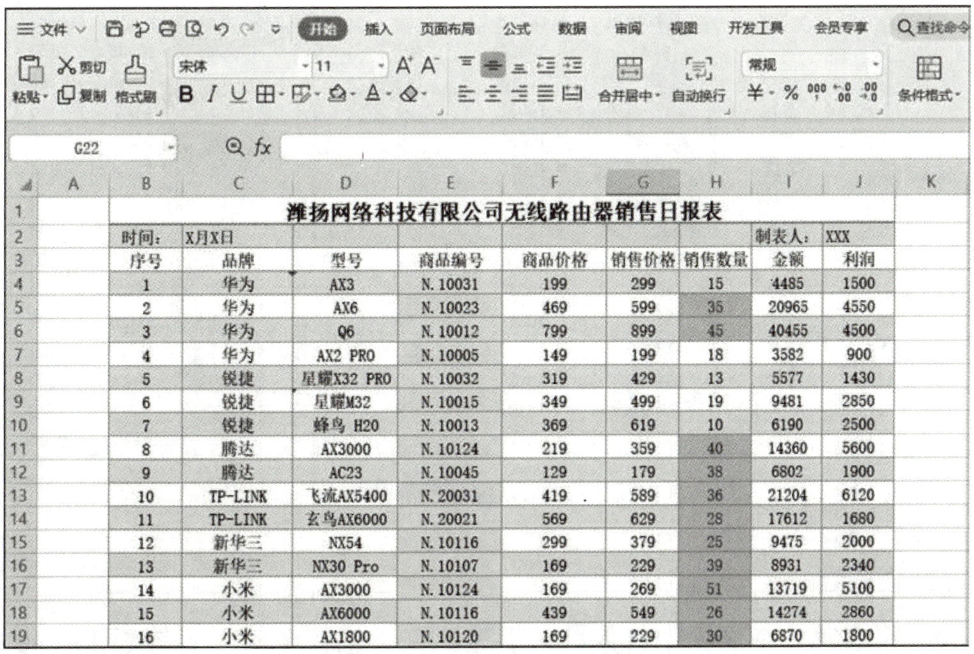

图 3-2-28　VLOOKUP 函数设置效果

第四步 数据排序

将表格数据按照品牌升序排列，相同品牌按照利润降序排列。操作步骤如下：

①选取 B3：J19 单元格区域，单击"开始"选项卡中的"排序"按钮，在弹出的下拉菜单中选择"自定义排序"命令，打开"排序"对话框，设置主要关键字、排序依据、次序。单击"添加条件"按钮，设置次要关键字、排序依据、次序，单击"确定"按钮，如图 3-2-29 所示。

图 3-2-29 多关键字排序对话框

②返回工作表，即可看到表中的数据按照设置的多个条件进行了排序，如图 3-3-30 所示。

序号	品牌	型号	商品编号	商品价格	销售价格	销售数量	金额	利润
10	TP-LINK	飞流AX5400	N.20031	419	589	36	21204	6120
11	TP-LINK	玄鸟AX6000	N.20021	569	629	28	17612	1680
2	华为	AX6	N.10023	469	599	35	20965	4550
3	华为	Q6	N.10012	799	899	45	40455	4500
1	华为	AX3	N.10031	199	299	15	4485	1500
4	华为	AX2 PRO	N.10005	149	199	18	3582	900
6	锐捷	星耀M32	N.10015	349	499	19	9481	2850
7	锐捷	蜂鸟 H20	N.10013	369	619	10	6190	2500
5	锐捷	星耀X32 PRO	N.10032	319	429	13	5577	1430
8	腾达	AX3000	N.10124	219	359	40	14360	5600
9	腾达	AC23	N.10045	129	179	38	6802	1900
14	小米	AX3000	N.10124	169	269	51	13719	5100
15	小米	AX6000	N.10116	439	549	26	14274	2860
16	小米	AX1800	N.10120	169	229	30	6870	1800
13	新华三	NX30 Pro	N.10107	169	229	39	8931	2340
12	新华三	NX54	N.10116	299	379	25	9475	2000

图 3-2-30 排序后的效果

第五步 数据筛选

在"销售日报表"中筛选出销售数量大于等于30、销售金额大于等于15 000的产品，将筛选结果置于下方。操作步骤如下：

①设置条件区域。在数据区域下方建立一个筛选条件区域，分别输入列标题和筛选的条件，如图 3-3-31 所示。

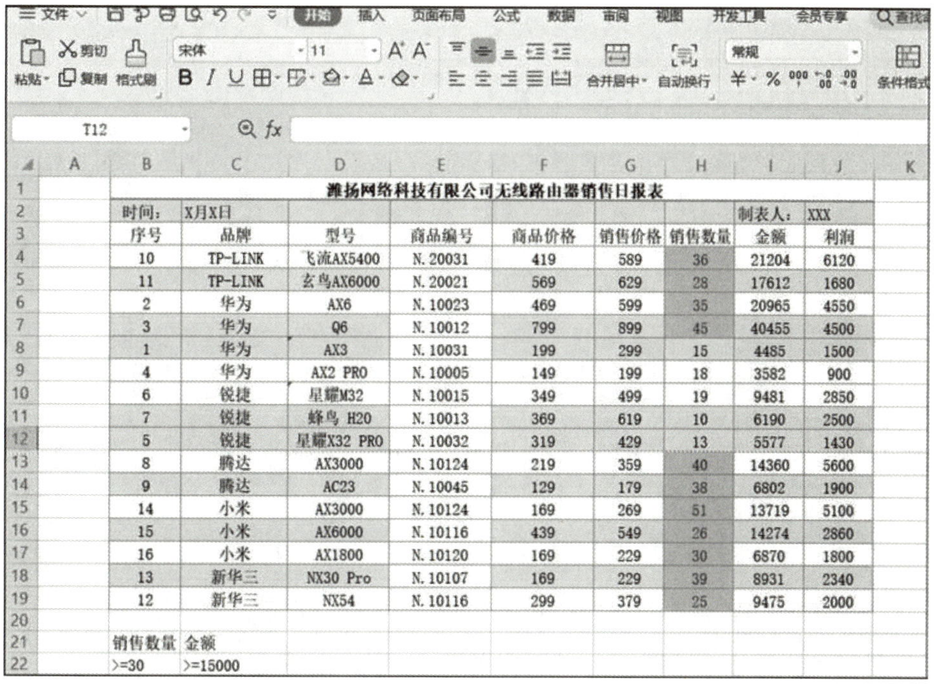

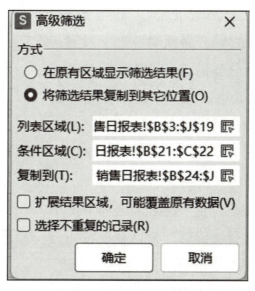

图 3-2-31　条件区域设置

②设置高级筛选。选取 B3：J19 单元格区域，单击"数据"选项卡中第 1 组右下角的"高级筛选"按钮。打开"高级筛选"对话框，选择将筛选结果复制到其他位置，设置列表区域、条件区域以及筛选结果的复制位置，单击"确定"按钮，如图 3-3-32 所示。

图 3-2-32　高级筛选设置

③返回工作表，即可看到符合条件的筛选结果，如图3-3-33所示。

	A	B	C	D	E	F	G	H	I	J	K
1		\multicolumn{10}{c}{潍扬网络科技有限公司无线路由器销售日报表}								
2		时间：	X月X日						制表人：	XXX	
3		序号	品牌	型号	商品编号	商品价格	销售价格	销售数量	金额	利润	
4		10	TP-LINK	飞流AX5400	N.20031	419	589	36	21204	6120	
5		11	TP-LINK	玄鸟AX6000	N.20021	569	629	28	17612	1680	
6		2	华为	AX6	N.10023	469	599	35	20965	4550	
7		3	华为	Q6	N.10012	799	899	45	40455	4500	
8		1	华为	AX3	N.10031	199	299	15	4485	1500	
9		4	华为	AX2 PRO	N.10005	149	199	18	3582	900	
10		6	锐捷	星耀M32	N.10015	349	499	19	9481	2850	
11		7	锐捷	蜂鸟 H20	N.10013	369	619	10	6190	2500	
12		5	锐捷	星耀X32 PRO	N.10032	319	429	13	5577	1430	
13		8	腾达	AX3000	N.10124	219	359	40	14360	5600	
14		9	腾达	AC23	N.10045	129	179	38	6802	1900	
15		14	小米	AX3000	N.10124	169	269	51	13719	5100	
16		15	小米	AX6000	N.10116	439	549	26	14274	2860	
17		16	小米	AX1800	N.10120	169	229	30	6870	1800	
18		13	新华三	NX30 Pro	N.10107	169	229	39	8931	2340	
19		12	新华三	NX54	N.10116	299	379	25	9475	2000	
20											
21		销售数量	金额								
22		>=30	>=15000								
23											
24		序号	品牌	型号	商品编号	商品价格	销售价格	销售数量	金额	利润	
25		10	TP-LINK	飞流AX5400	N.20031	419	589	36	21204	6120	
26		2	华为	AX6	N.10023	469	599	35	20965	4550	
27		3	华为	Q6	N.10012	799	899	45	40455	4500	

图3-2-33　高级筛选效果

第六步　分类汇总

将表格中的数据按照品牌进行分类汇总。具体步骤如下：

①排序。在进行分类汇总之前，必须对所选字段进行排序，否则将不能正确地进行分类汇总。设置按照品牌进行升序排列。选取 B3：J19 单元格区域，单击"开始"选项卡中的"排序"按钮，在弹出的下拉菜单中选择"自定义排序"命令，打开"排序"对话框，设置主要关键字为品牌，次序为升序，单击"确定"按钮。

②选中 B3：J19 单元格区域，在"数据"选项卡中单击"分类汇总"按钮，弹出"分类汇总"对话框。在"分类字段"下拉列表中选择"品牌"选项，在"汇总方式"下拉列表中选择"求和"选项，在"选定汇总项"列表框中勾选"利润"复选框，如图3-3-34所示。

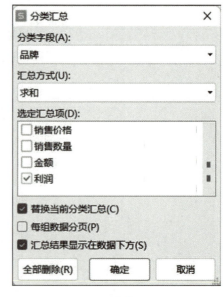

图3-2-34　分类汇总设置

③返回工作表，即可看到工作表数据已经完成了分类汇总，如图 3-3-35 所示。

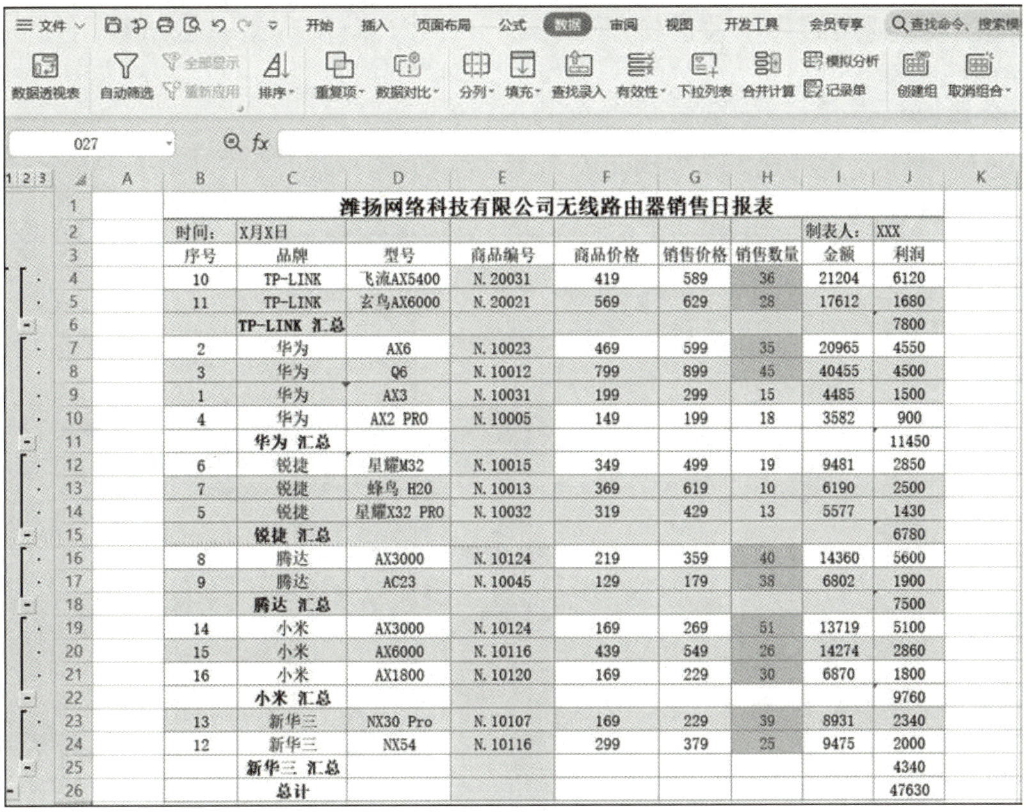

图 3-2-35 分类汇总效果图

分类汇总后，窗口左侧会出现一个分级显示栏，左上角的数字"1""2""3"表示汇总方式分为 3 级，分别为 1 级、2 级与 3 级，用户可以单击左边的收缩按钮将下方的明细数据进行隐藏，只显示汇总后的结果值。

如果需要移除分类汇总，单击"数据"选项卡中的"分类汇总"按钮，在弹出的对话框中单击"全部删除"按钮即可。

第七步 创建图表

①创建数据透视表，统计各品牌的"销售数量"之和、"销售金额"之和。操作步骤如下：

在"数据"选项卡中单击"数据透视表"按钮，弹出如图 3-2-36 所示的对话框。设置参加分析的数据区域为 B3：J19，同时，创建的数据透视表为新建工作表。单击"确定"按钮，进入透视表的设置窗口。

将光标放置在表格中的任意单元格内，在工作表的右边即可出现"数据透视表"任务窗格。用户在此设置透视表的布局，将品牌拖动至行区域，将金额和销售数量拖动至值区域，如图 3-2-37 所示。

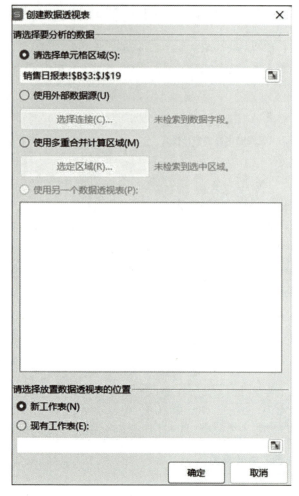

图 3-2-36　"创建数据透视表"对话框

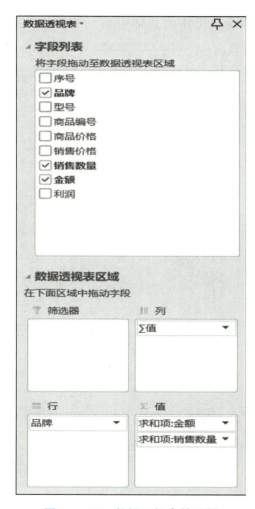

图 3-2-37　数据透视表的设置

完成数据透视表的创建后，在数据透视表以外单击任意单元格，即可退出数据透视表的编辑。数据透视表效果如图 3-2-38 所示。

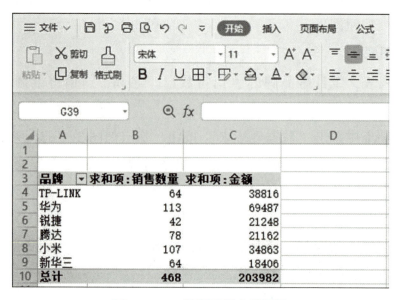

图 3-2-38　数据透视表效果图

②创建数据透视图。根据现有工作表，创建数据透视图。图形显示每个品牌的总销售额情况，x 坐标设置为"品牌"；数据区域设置为"销售金额"；求和项为销售金额。操作方法如下：

选中数据透视表中的任意单元格，在"分析"选项卡中单击"数据透视图"按钮。

在弹出的"插入图表"对话框中选择图表类型和样式，单击"插入"按钮。

返回工作表，即可看到已创建好数据透视图，如图 3-2-39 所示。

图 3-2-39　数据透视图效果图

创建数据透视图后，可以根据需要更改数据透视图的布局，以便添加标题等元素，还可以根据需要设置数据透视图的样式。

 任 务 评 价

根据学习任务的完成情况，对照"观察点"列举的内容进行自评或互评。"观察点"内容可视实际情况在老师引导下拓展。

观察点	☺	☺	☹
数据一目了然，表格清晰美观			
数据运算准确			
图表选用合理			
数据统计清晰			
完成图文并茂的产品销售表制作			

知识盘点

图表在数据分析中应用广泛，可以将数据直观地表现出来，本任务围绕销售情况的统计与分析，主要介绍了 WPS 表格中函数的使用、排序数据、筛选数据、分类汇总数据、数据透视图和数据透视表的创建等知识，利用这些知识可以完成日常工作中销售情况、进货情况、库存情况等表格数据的统计与分析。

技能拓展

①突出显示重复数据。

在表格中，还可以通过条件格式为重复数据设置高亮显示。操作方法如下：

• 选中单元格区域。选择要设置条件格式的单元格区域。

• 设置数据突出显示。单击"开始"选项卡下的"条件格式"按钮，在弹出的下拉菜单中选择"突出显示单元格规则"命令，如图 3-2-40 所示。还可以通过自定义格式设置单元格样式。

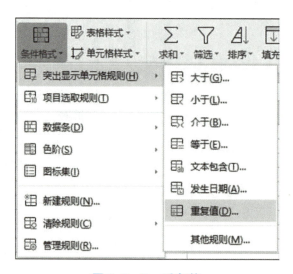

图 3-2-40　重复值

• 设置突出显示重复值的样式。弹出"重复值"对话框，在"设置为"下拉列表框中设置突出显示重复值的样式，如图 3-2-41 所示。

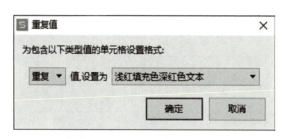

图 3-2-41　重复值设置

● 单击"确定"按钮返回工作表，即可将所选单元格区域中的重复值以设置的格式显示。

② 在数据透视表的每个项目之间添加空白行。

为了使数据透视表更加清晰明了，可以在各项目之间使用空行进行分隔。操作方法如下：

● 选择数据透视表中的任意单元格。

● 单击"设计"选项卡中的"空行"按钮，在弹出的下拉列表中选择"在每个项目后插入空行"选项，如图3-2-42所示。

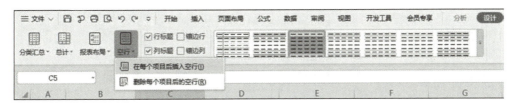

图3-2-42　插入空行

③ 请利用素材文件设计制作学生成绩统计表。

任务3　制作动态考勤表

知识目标

1. 掌握考勤表动态表头的设置方法；

2. 掌握自动显示星期的设置方法；

3. 掌握自动计算当月天数的设置方法；

4. 掌握单元格下拉列表的设置；

5. 掌握计数函数的使用。

能力目标

1. 会应用函数自动显示星期；

2. 会应用函数自动计算当月的天数；

3. 会用下拉列表设置考勤符号；

4. 会应用函数自动计算考勤天数；

5. 能制作动态考勤表。

素养目标

熟练完成动态考勤表的制作，增强办公实践能力。

情境导入

小程工作态度认真，并且能够高效完成工作，因此被借调到公司人力资源部门工作，负责员工的考勤工作。由于公司的考勤系统出现故障，需要小程借助 WPS 表格做好员工的考勤登记和统计。小程希望制作动态考勤表，减少工作量，提高工作效率，下面我们和小程一起完成这项任务吧！

知识准备

1. 合并连接符号 &

"&" 是合并连接符，用于连接两个或多个文本字符串。在 WPS 表格中，当需要将多个单元格的内容合并到一个单元格时，可以通过 "&" 符号进行操作。输入的格式为 "= 单元格 & 单元格 & 单元格 &……"。需要注意，"&" 连接符可以用于连接数字和字符串，除了数字，用文本符号连接的，都需要添加英文的双引号来界定。

2. IF 函数

IF 函数是一种常用的条件函数，它能对数值和公式执行条件进行检测，并根据逻辑计算的真假值返回不同结果。

IF 函数的语法结构为：IF(logical_test,value_if_true,value_if_false)

其中各个参数的含义如下。

logical_test：必需的参数，表示计算结果为 TRUE 或 FALSE 的任意值或表达式。

value_if_true：可选参数，表示 logical_test 为 TRUE 时要返回的值，可以是任意数据。

value_if_false：可选参数，表示 logical_test 为 FALSE 时要返回的值，可以是任意数据。

IF 函数的语法结构可理解为 "= IF(条件,真值,假值)"，当 "条件" 成立时，结果取 "真值"，否则取 "假值"。

3. DATE 函数

DATE 函数用于返回表示特定日期的序列号。如果需要将三个单独的值合并为一个日期，则可以使用 DATE 函数。

DATE 函数的语法结构为：DATE(year,month,day)

其中各个参数的含义如下。

year：可以为 1~4 位数字。

如果 year 位于 0（零）~1899（包含）之间，则 WPS 表格会将该值加上 1900，再计算年份。例如：DATE(108,1,2) 将返回 2008 年 1 月 2 日（1900+108）。

如果 year 位于 1900~9999（包含）之间，则 WPS 表格将使用该数值作为年份。例如：

DATE(2023,10,1) 将返回 2023 年 10 月 1 日。

如果 year 小于 0 或大于等于 10 000,则 WPS 表格将返回错误值 #NUM!。

month 代表每年中月份的数字。如果所键入的月份大于 12,将从指定年份的一月份开始往上加算。例如,DATE(2022,13,6) 返回代表 2023 年 1 月 6 日的序列号。

day 表示在该月份中第几天的数字。如果 day 大于该月份的最大天数,则将从指定月份的第一天开始往上累加。例如,DATE(2023,1,35) 返回代表 2023 年 2 月 4 日的序列号。

例如,在单元格中输入公式=DATE(2021,7,23),返回日期为 2021 年 7 月 23 日,如图 3-3-1 所示。

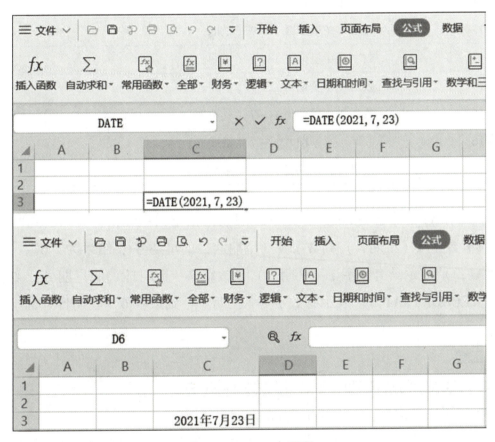

图 3-3-1 　DATE 函数

4. WEEKDAY 函数

返回某日期为星期几。默认情况下,其值为 1（星期天）~7（星期六）之间的整数。

WEEKDAY 函数的语法结构为:WEEKDAY(serial_number,return_type)

其中各个参数的含义如下。

serial_number 表示一个顺序的序列号,代表要查找的那一天的日期。应使用 DATE 函数键入日期,或者将函数作为其他公式或函数的结果键入。例如,使用 DATE(2008,5,23) 键入 2008 年 5 月 23 日。如果日期以文本的形式键入,则会出现问题。

Return_type：用于确定返回值类型的数字，每个不同的返回值，代表返回不同的星期格式，具体见表3-3-1。

表 3-3-1　函数语法参数

Return_type	返回的数字
1 或省略	数字 1（星期日）~7（星期六）
2	数字 1（星期一）~7（星期日）
3	数字 0（星期一）~6（星期日）
11	数字 1（星期一）~7（星期日）
12	数字 1（星期二）~7（星期一）
13	数字 1（星期三）~7（星期二）
14	数字 1（星期四）~7（星期三）
15	数字 1（星期五）~7（星期四）
16	数字 1（星期六）~7（星期五）
17	数字 1（星期日）~7（星期六）

例如，单元格 A1 的内容为 2023 年 9 月 29 日，单击空白单元格，输入公式"=WEEKDAY(A1)"表示具有数字 1（星期日）到数字 7（星期六）的星期号，结果为"6"；输入公式"=WEEKDAY(A1,2)"表示具有数字 1（星期一）到数字 7（星期日）的星期号，结果为"5"；输入公式"=WEEKDAY(A1,3)"表示有数字 0（星期一）到数字 6（星期日）的星期号，结果为"4"。

5. DAY 函数

返回以序列号表示的某日期的天数，用整数 1~31 表示。

DAY 函数的语法结构为：DAY(serial_number)

serial_number 表示一个日期值，其中包含要查找的日期。应使用 DATE 函数来键入日期，或者将日期作为其他公式或函数的结果键入。例如，使用 DATE(2023,5,12) 键入 2023 年 5 月 12 日。如果日期以文本的形式键入，则会出现问题。

WPS 表格可将日期存储为可用于计算的序列号。默认情况下，1900 年 1 月 1 日的序列号是 1，而 2008 年 1 月 1 日的序列号是 39448，这是因为它距 1900 年 1 月 1 日有 39 448 天。

例如，在单元格中 A1 为日期 2023 年 7 月 23 日，在空白单元格输入公式=DAY(A1)，返回结果为 23。

6. COUNTIF 函数

计算区域中满足给定条件的单元格的个数。

COUNTIF 函数的语法结构为：COUNTIF(range,criteria)

其中各个参数的含义如下。

range 为需要计算其中满足条件的单元格数目的单元格区域。

criteria 为确定哪些单元格将被计算在内的条件，其形式可以为数字、表达式或文本。例如，条件可以表示为 32、"32"、">32"。

例如，计算表格第 1 列手机所在单元格的个数，输入" =COUNTIF(A1:A8,A3)"，即可计算第 1 列中手机所在单元格的个数"3"，如图 3-3-2 所示。

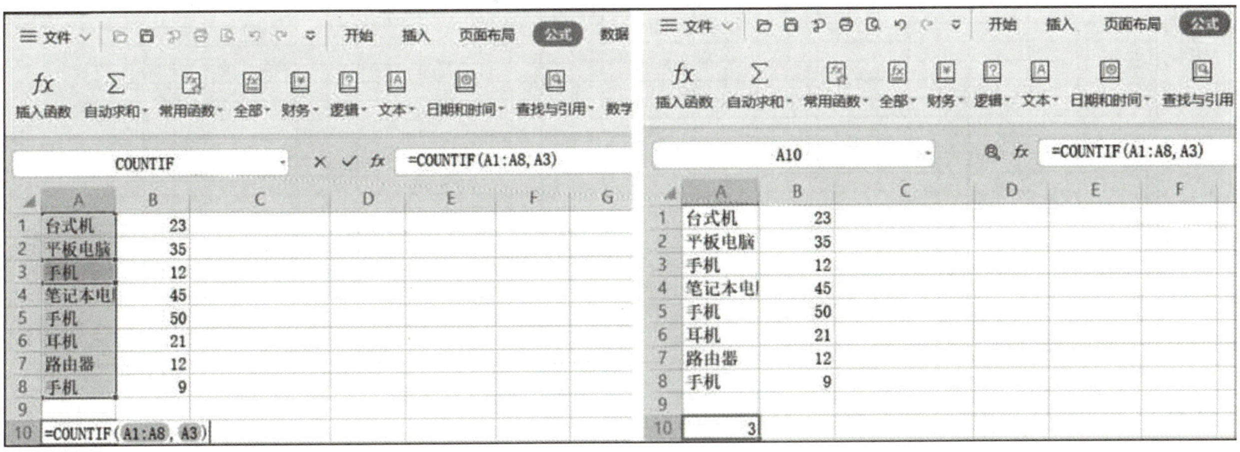

图 3-3-2　COUNTIF 函数

任务分析

制作考勤表是人事文员必须掌握的技能，一份功能强大、外观精美的考勤表不但让人赏心悦目，而且可以大大提高工作效率，这里重点学习如何制作动态考勤表。首先需要制作基本表格，然后利用合并连接符号、时间函数、判断函数、计数函数、序列填充等，完成动态表头的设置、自动显示星期、自动计算当月的天数、制作考勤录入区域下拉菜单，最后根据考勤符号完成自动考勤统计等功能。操作要求如下：

①新建 WPS 表格，制作基本表格。

②设置动态表头，使表头根据所选月份自动变动。

③根据"年""月""日"数据，自动计算星期行中的数据。

④自动计算当月的天数。

⑤设定考勤符号，制作考勤录入区域下拉菜单。

⑥根据考勤符号完成自动考勤统计。

任务实施

操作步骤：

第一步　新建 WPS 表格，制作基本表格

新建 WPS 表格，命名为"员工考勤表 .xlsx"，基本样式如图 3-3-3 所示。

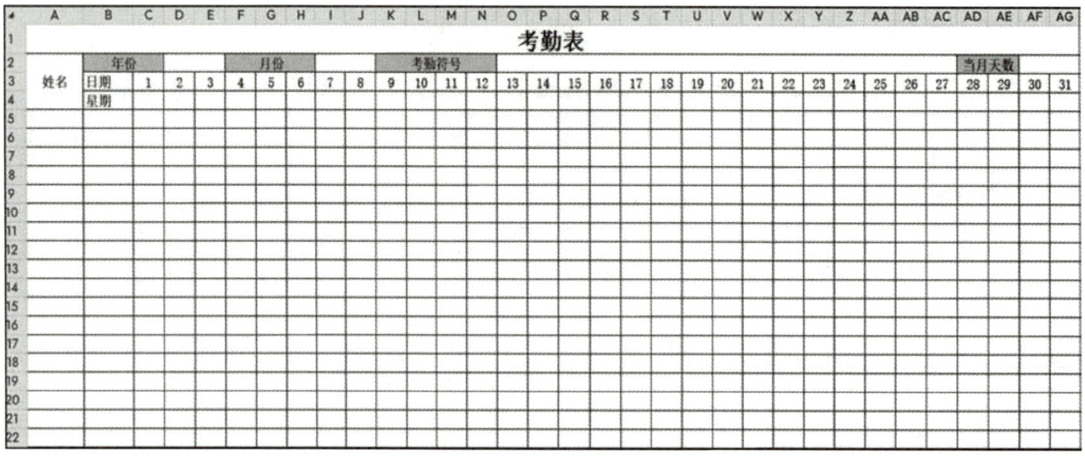

图 3-3-3　考勤表基本表格

第二步　设置动态表头，使表头根据所选月份自动变动

设置动态表头，使表头显示跟随年月信息的变化自动更新，避免年月信息变化而需要手动修改，操作步骤如下。

在 D2 单元格中输入 2023，在 I2 单元格中输入 7，选中 A1 单元格，输入公式：=D2&"年"&I2"&"月"&"考勤表"，如图 3-3-4 所示。运算符只有一个"&"，可将文本连接起来。注意，年和月需要用" "号。这样在输入不同年份和月份时，对应的考勤表表头也会随之变化。

图 3-3-4　设置动态表头

第三步　设置星期信息

根据"年""月""日"数据，自动计算星期行中的数据。使用 IF 函数嵌套 WEEKDAY 函数，使星期信息与日期信息同步，操作步骤如下：

①在 C4 单元格中输入公式"=IF（（WEEKDAY（DATE（\$D\$2,\$I\$2,C3）,2））=7,"日"，（WEEKDAY（DATE（\$D\$2,\$I\$2,C3）,2）））"（不包含引号）。公式首先通过 DATE 函数，将"\$D\$2"单元格数据、"\$I\$2"单元格数据和 D3 单元格数据拼接为日期形式，即 2023 年 7 月 1

日，再通过 WEEKDAY（＊＊＊＊,2）函数计算选定时间是星期几，由于 WEEKDAY（＊＊＊＊,
2)函数计算结果为 1，2，…，7 的形式，根据通常写法，当等于 7 的时候，一般写为"星期
日"，因此通过 IF 函数判断。当 WEEKDAY（＊＊＊＊,2）函数计算结果等于 7 的时候，将替换
为"日"，否则用数字显示当前的星期日期，如图 3-3-5 所示。

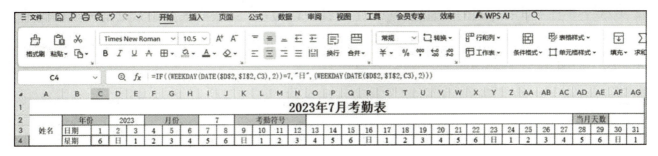

图 3-3-5 用公式计算星期

②设置 C4 单元格格式。将"1"写为"一"，将"2"写为"二"，依此类推，需要设置
C4 单元格的数据格式。右击 C4 单元格，选择"设置单元格格式"，在弹出的对话框选择"数
字"选项卡，在"分类"中选择"特殊"，在类型列表中选择"中文小写数字"，如图 3-3-6
所示，单击"确定"按钮。

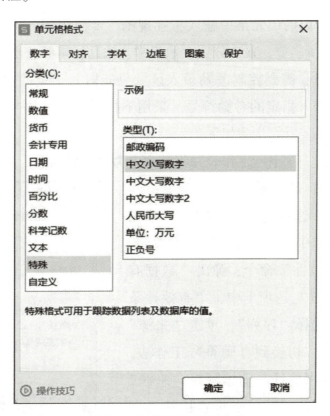

图 3-3-6 单元格格式设置

③选中 C4 单元格，拖动右下角的"填充柄"向右填充，直到 AG4 单元格。

第四步　自动计算当月的天数

在考勤表中，需要在 AF2 单元格自动显示当月的天数。

在 AF2 单元格中输入公式"＝DAY（DATE（D2，I2＋1，1）－1）"，先获取 D2 单元格的年份"2023"，以及 I2 单元格月份的下一个月"I2＋1"，即 8 月，结合 DATE 第三个参数"1"，获取 2023 年 8 月 1 日的日期，再通过"DATE(D2,I2＋1,1)－1"，获取 8 月 1 日之前一天的日期，本例为 2023 年 7 月 31 日，最后用 DAY 函数获取 2023 年 7 月 31 日的天数，即 31，填入 AF2 单元格，如图 3-3-7 所示。

图 3-3-7　自动计算当月天数

第五步　制作考勤录入区域下拉菜单

在考勤符号单元格后面的单元格中输入考勤规则，要使用到特殊符号；在这里设定的考勤符号是以下几种：√、×、○、▲，分别表示正常、缺勤、请假、出差。

为方便录入考勤信息，需要控制考勤录入区域只能输入指定的信息，通过有效性设置，控制考勤录入区域只能输入指定的考勤符号。采用下拉列表选择的方法来设置，从下拉列表中选择即可录入考勤信息。操作步骤如下：

①新建工作表。新建一个空白工作表并将其命名为"考勤符号"，在第 1 列的 A1：A4 单元格区域分别输入"√、×、○、▲"。

②设置数据有效性。选择需要考勤的所有单元格，单击"数据"选项卡中的"有效性"下拉按钮，在下拉列表中选择"有效性"命令，弹出"数据有效性"对话框。在"设置"选项卡中，"有效性条件"设置为："允许"选择"序列"，单击"来源"编辑框右侧的折叠按钮，切换到考勤符号工作表，选中 A1：A4 单元格，范围地址自动填写在"来源"文本框中，如图 3-3-8 所示，单击折叠按钮返回"数据有效性"对话框，单击"确定"按钮，完成下拉选项设置。

图 3-3-8　数据有效性设置

③设置完毕后，每个人的考勤可以从下拉列表中进行选择。录入考勤信息，如图 3-3-9 所示。

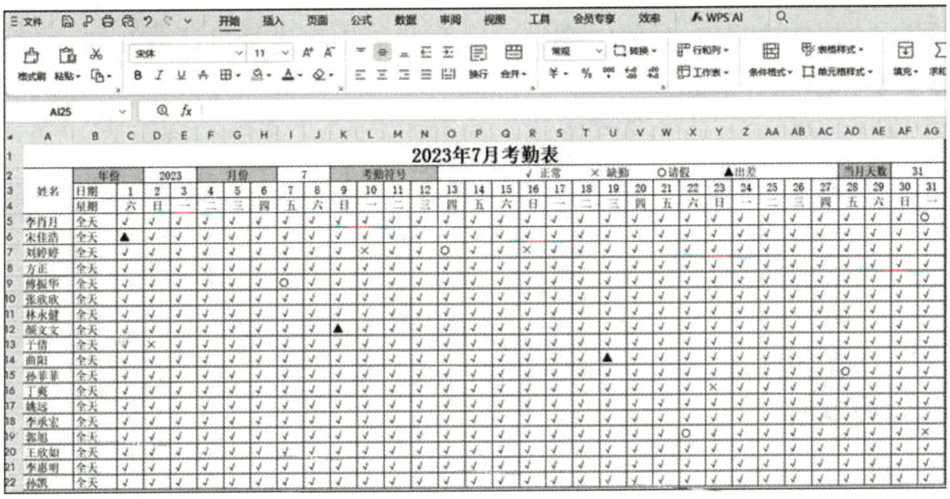

图 3-3-9　录入考勤信息

第六步　自动统计考勤信息

接下来在右侧制作一个考勤统计区域，统计每个人的出勤天数，如图 3-3-10 所示。使用 COUNTIF 函数统计各种考勤符号出现的次数，完成考勤自动统计。操作步骤如下：

①选中 AH5 单元格，输入公式"＝COUNTIF($C5:$AG5,AH$4)"，表示在 C5:AG5 单元格范围内统计 AH$4（即符号√）出现的次数。在该单元格右下方，拖动填充柄向下填充，即可得到所有人的正常出勤天数。

②在 AI5 单元格，输入公式"＝COUNTIF($C5:$AG5,AI$4)"，表示在 C5:AG5 单元格范围内统计 AI$4（即符号×）出现的次数。在该单元格右下方，拖动填充柄向下填充，即可得到所有人的缺勤天数。用同样方法统计"请假"和"出差"的天数。

③设置完毕后，每次考勤时，仅需更改年和月的数据，再从单元格下拉列表中选取考勤符号，表格能够自动计算当前的考勤统计。完成后的效果如图 3-3-10 所示。

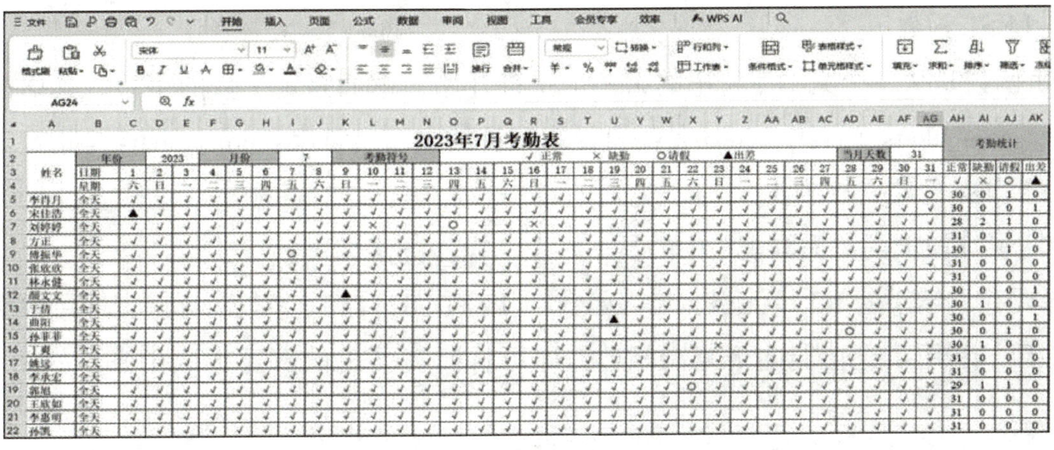

图 3-3-10　动态考勤表制作效果

根据学习任务的完成情况，对照"观察点"列举的内容进行自评或互评。"观察点"内容可视实际情况在老师引导下拓展。

观察点	☺	☺	☹
数据一目了然，表格清晰美观			
数据运算准确			
表头根据所填月份自动变动			
自动判断月份天数和星期			
自动汇总当月考勤			
完成动态考勤表的制作			

本任务围绕动态考勤表的制作，主要介绍了利用 WPS 表格中时间函数、计数函数、判断函数等多种函数，实现表头根据所填月份自动变动、自动判断月份天数和星期、自动汇总当月考勤等功能。利用这些知识可以完成日常工作中考勤数据的自动统计。

1. 文本函数的使用技巧

在处理一些文本字符串时，例如合并、截取、统计等文本操作，可以使用文本函数完成。从文本中提取部分字符，需要用到 WPS 表格中的 LEFT、RIGHT、MID 等函数。

（1）LEFT 函数

LEFT 函数是从一个文本字符串的第一个字符开始，返回指定个数的字符。其语法结构为 LEFT(text,num_chars)，其中，text 是需要提取字符的文本字符串；num_chars 是指定需要提取的字符数，如果忽略，则为 1。

例如，用 LEFT 函数提取表格中的员工姓氏，操作方法如下：

选择要存放结果的 H2 单元格，输入函数"=LEFT(B2,1)"，按 Enter 键，即可得到第一位员工的姓氏。利用填充功能向下复制函数，即可将所有员工的姓氏提取出来，如图 3-3-11 所示。

（2）RIGHT 函数

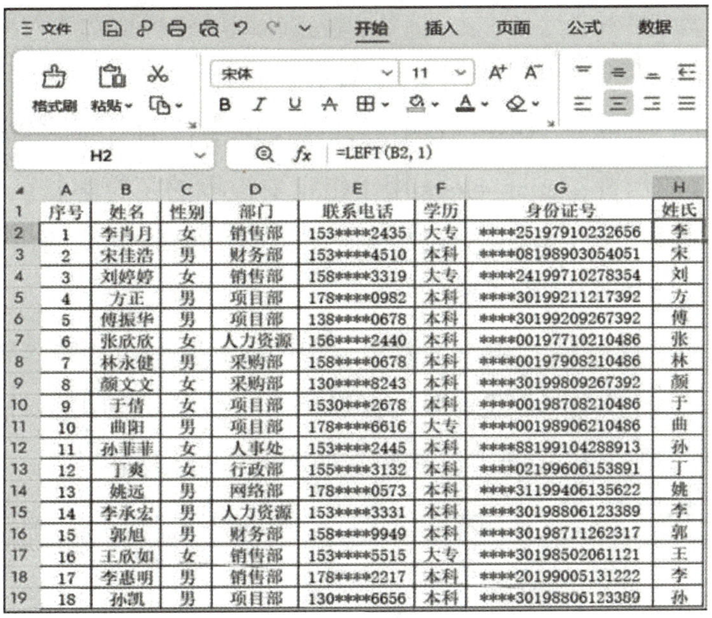

	A	B	C	D	E	F	G	H
1	序号	姓名	性别	部门	联系电话	学历	身份证号	姓氏
2	1	李肖月	女	销售部	153****2435	大专	****25197910232656	李
3	2	宋佳浩	男	财务部	153****4510	本科	****08198903054051	宋
4	3	刘婷婷	女	销售部	158****3319	大专	****24199710278354	刘
5	4	方正	男	项目部	178****0982	本科	****30199211217392	方
6	5	傅振华	男	项目部	138****0678	本科	****30199209267392	傅
7	6	张欣欣	女	人力资源	156****2440	本科	****00197710210486	张
8	7	林永健	男	采购部	158****0678	本科	****00197908210486	林
9	8	颜文文	女	采购部	130****8243	本科	****30199809267392	颜
10	9	于倩	女	项目部	1530***2678	本科	****00198708210486	于
11	10	曲阳	男	项目部	178****6616	大专	****00198906210486	曲
12	11	孙菲菲	女	人事处	153****2445	本科	****88199104288913	孙
13	12	丁爽	女	行政部	155****3132	本科	****02199606153891	丁
14	13	姚远	男	网络部	178****0573	本科	****31199406135622	姚
15	14	李承宏	男	人力资源	153****3331	本科	****30198806123389	李
16	15	郭旭	男	财务部	158****9949	本科	****30198711262317	郭
17	16	王欣如	女	销售部	153****5515	大专	****30198502061121	王
18	17	李惠明	男	销售部	178****2217	本科	****20199005131222	李
19	18	孙凯	男	项目部	130****6656	本科	****30198806123389	孙

图 3-3-11　LEFT 函数提取姓氏

RIGHT 函数是从一个文本字符串的最后一个字符开始，返回指定个数的字符。其语法结构为 RIGHT（text，num_chars），其中，text 是需要提取字符的文本字符串；num_ chars 是指定需要提取的字符数，如果忽略，则为 1。

例如，利用 RIGHT 函数提取员工联系电话的后四位，操作方法如下：

选择要存放结果的 I2 单元格，输入函数“=RIGHT(E2,4)”，按 Enter 键，即可提取出第一位员工联系电话的最后四位数。利用填充功能向下复制函数即可得出所有员工联系电话的后四位，如图 3-3-12 所示。

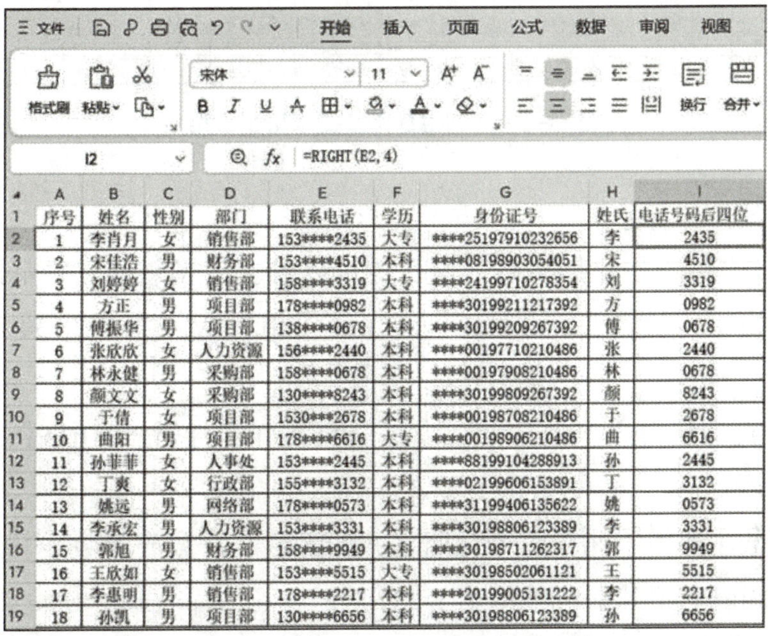

	A	B	C	D	E	F	G	H	I
1	序号	姓名	性别	部门	联系电话	学历	身份证号	姓氏	电话号码后四位
2	1	李肖月	女	销售部	153****2435	大专	****25197910232656	李	2435
3	2	宋佳浩	男	财务部	153****4510	本科	****08198903054051	宋	4510
4	3	刘婷婷	女	销售部	158****3319	大专	****24199710278354	刘	3319
5	4	方正	男	项目部	178****0982	本科	****30199211217392	方	0982
6	5	傅振华	男	项目部	138****0678	本科	****30199209267392	傅	0678
7	6	张欣欣	女	人力资源	156****2440	本科	****00197710210486	张	2440
8	7	林永健	男	采购部	158****0678	本科	****00197908210486	林	0678
9	8	颜文文	女	采购部	130****8243	本科	****30199809267392	颜	8243
10	9	于倩	女	项目部	1530***2678	本科	****00198708210486	于	2678
11	10	曲阳	男	项目部	178****6616	大专	****00198906210486	曲	6616
12	11	孙菲菲	女	人事处	153****2445	本科	****88199104288913	孙	2445
13	12	丁爽	女	行政部	155****3132	本科	****02199606153891	丁	3132
14	13	姚远	男	网络部	178****0573	本科	****31199406135622	姚	0573
15	14	李承宏	男	人力资源	153****3331	本科	****30198806123389	李	3331
16	15	郭旭	男	财务部	158****9949	本科	****30198711262317	郭	9949
17	16	王欣如	女	销售部	153****5515	大专	****30198502061121	王	5515
18	17	李惠明	男	销售部	178****2217	本科	****20199005131222	李	2217
19	18	孙凯	男	项目部	130****6656	本科	****30198806123389	孙	6656

图 3-3-12　RIGHT 函数提取电话号码后四位

（3） MID 函数

MID 函数用于是从文本字符串中指定的位置起，返回指定长度的字符串。其语法结构为 MID(text,start_num,num_chars)，其中，text 包含要提取字符的文本字符串；start_num为文本中要提取的第一个字符的位置；num_chars 用于指定要提取的字符串长度。

在对员工信息管理过程中，有时需要从身份证号码中提取员工的出生日期，此时可以使用 MID 函数来完成。具体操作方法如下：

选择要存放结果的 J2 单元格，输入函数“=MID(G2,7,4)&"年"&MID(G2,11,2)&"月"&MID(G2,13,2)&"日"”，按 Enter 键，即可提取出第一位员工的出生日期。利用填充功能向下复制函数，即可计算出所有员工的出生日期，如图 3-3-13 所示。

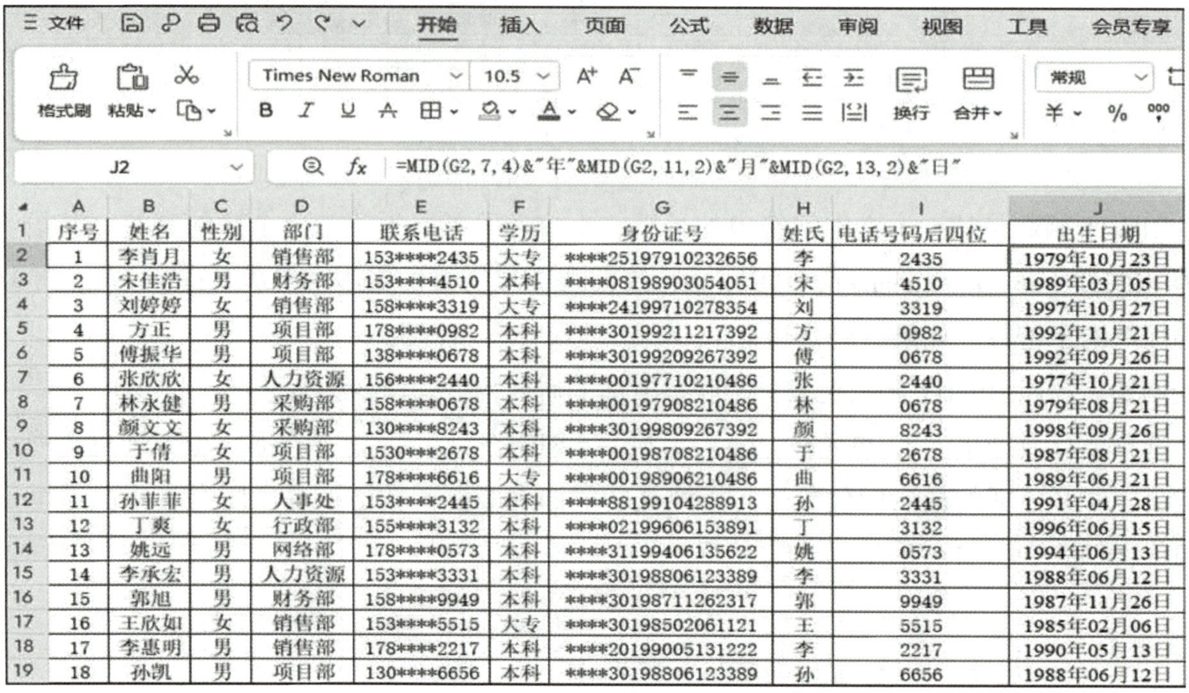

序号	姓名	性别	部门	联系电话	学历	身份证号	姓氏	电话号码后四位	出生日期
1	李肖月	女	销售部	153****2435	大专	****25197910232656	李	2435	1979年10月23日
2	宋佳浩	男	财务部	153****4510	本科	****08198903054051	宋	4510	1989年03月05日
3	刘婷婷	女	销售部	158****3319	大专	****24199710278354	刘	3319	1997年10月27日
4	方正	男	项目部	178****0982	本科	****30199211217392	方	0982	1992年11月21日
5	傅振华	男	项目部	138****0678	本科	****30199209267392	傅	0678	1992年09月26日
6	张欣欣	女	人力资源	156****2440	本科	****00197710210486	张	2440	1977年10月21日
7	林永健	男	采购部	158****0678	本科	****00197908210486	林	0678	1979年08月21日
8	颜文文	女	采购部	130****8243	本科	****30199809267392	颜	8243	1998年09月26日
9	于倩	女	项目部	1530***2678	本科	****00198708210486	于	2678	1987年08月21日
10	曲阳	男	项目部	178****6616	大专	****00198906210486	曲	6616	1989年06月21日
11	孙菲菲	女	人事处	153****2445	本科	****88199104288913	孙	2445	1991年04月28日
12	丁爽	女	行政部	155****3132	本科	****02199606153891	丁	3132	1996年06月15日
13	姚远	男	网络部	178****0573	本科	****31199406135622	姚	0573	1994年06月13日
14	李承宏	男	人力资源	153****3331	本科	****30198806123389	李	3331	1988年06月12日
15	郭旭	男	财务部	158****9949	本科	****30198711262317	郭	9949	1987年11月26日
16	王欣如	女	销售部	153****5515	大专	****30198502061121	王	5515	1985年02月06日
17	李惠明	男	销售部	178****2217	本科	****20199005131222	李	2217	1990年05月13日
18	孙凯	男	项目部	130****6656	本科	****30198806123389	孙	6656	1988年06月12日

图 3-3-13　MID 函数提取出生日期

2. 自动计算年龄

从身份证号码中获得出生日期信息之后，还可以自动计算年龄。年龄的计算方式为当前日期与身份证中的出生年份之差。计算时间差，需要用到 WPS 表格中的 DATEDIF() 函数和 TODAY() 函数。

TODAY() 函数自动获得当前的日期，当每一次打开文件时，TODAY() 函数的值会自动改变。

DATEDIF() 函数主要用于计算两个日期之间的天数、月数或年数。其返回的值是两个日期之间的年/月/日间隔数。其语法结构为 DATEDIF(Start_Date,End_Date,Unit),Start_Date 为一个日期，代表时间段内的第一个日期或起始日期；End_Date 为一个日期，它代表时间段内的最后一个日期或结束日期；Unit 为所需信息的返回类型。返回参数有 Y、M、D、YM、YD、MD 六种，返回的参数内容见表 3-3-2。

表 3-3-2　DATEDIF 语法参数

参数	含义
Y	计算两个日期间隔的年数
M	计算两个日期间隔的月份数
D	计算两个日期间隔的天数
MD	忽略年数差和月份差，计算两个日期间隔的天数
YM	忽略相差年数，计算两个日期间隔的月份数
YD	忽略年数差，计算两个日期间隔的天数

选择要存放结果的 K2 单元格，输入函数“=DATEDIF(J2,TODAY(),"Y")”，开始日期为 J2 中的数据，结束的时间为当前日期，以“Y”代表获取年份之差。将 K2 单元格向下自动填充，即可实现年龄的自动计算，如图 3-3-14 所示。

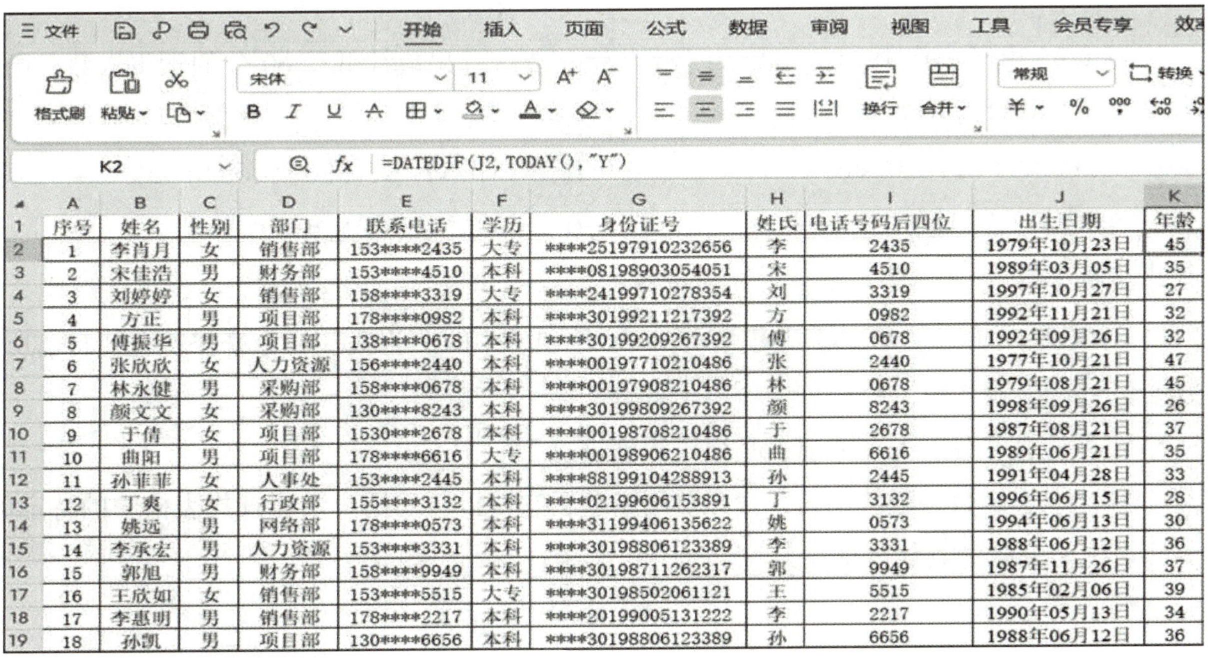

	A	B	C	D	E	F	G	H	I	J	K
1	序号	姓名	性别	部门	联系电话	学历	身份证号	姓氏	电话号码后四位	出生日期	年龄
2	1	李肖月	女	销售部	153****2435	大专	****25197910232656	李	2435	1979年10月23日	45
3	2	宋佳浩	男	财务部	153****4510	本科	****08198903054051	宋	4510	1989年03月05日	35
4	3	刘婷婷	女	销售部	158****3319	大专	****24199710278354	刘	3319	1997年10月27日	27
5	4	方正	男	项目部	178****0982	本科	****30199211217392	方	0982	1992年11月21日	32
6	5	傅振华	男	项目部	138****0678	本科	****30199209267392	傅	0678	1992年09月26日	32
7	6	张欣欣	女	人力资源	156****2440	本科	****00197710210486	张	2440	1977年10月21日	47
8	7	林永健	男	采购部	158****0678	本科	****00197908210486	林	0678	1979年08月21日	45
9	8	颜文文	女	采购部	130****8243	本科	****30199809267392	颜	8243	1998年09月26日	26
10	9	于倩	女	项目部	1530***2678	本科	****00198708210486	于	2678	1987年08月21日	37
11	10	曲阳	男	项目部	178****6616	大专	****00198906210486	曲	6616	1989年06月21日	35
12	11	孙菲菲	女	人事处	153****2445	本科	****88199104288913	孙	2445	1991年04月28日	33
13	12	丁爽	女	行政部	155****3132	本科	****02199606153891	丁	3132	1996年06月15日	28
14	13	姚远	男	网络部	178****0573	本科	****31199406135622	姚	0573	1994年06月13日	30
15	14	李承宏	男	人力资源	153****3331	本科	****30198806123389	李	3331	1988年06月12日	36
16	15	郭旭	男	财务部	158****9949	本科	****30198711262317	郭	9949	1987年11月26日	37
17	16	王欣如	女	销售部	153****5515	大专	****30198502061121	王	5515	1985年02月06日	39
18	17	李惠明	男	销售部	178****2217	本科	****20199005131222	李	2217	1990年05月13日	34
19	18	孙凯	男	项目部	130****6656	本科	****30198806123389	孙	6656	1988年06月12日	36

图 3-3-14　自动计算年龄

3. 制作员工信息表

请利用素材文件设计制作员工信息表。

理论延伸

一、单选题

1. 在 WPS 电子表格中，"数据有效性"功能在（   ）。

A. "开始"选项卡   B. "插入"选项卡

C. "审阅"选项卡   D. "数据"选项卡

2. 在 WPS 电子表格中，可以设置"出错警告"的功能是（   ）。

A. 数据有效性   B. 锁定单元格

C. 筛选   D. 数据对比

3. 在 WPS 电子表格中，可以通过（   ）选项卡的筛选功能，筛选出符合要求的数据。

A. "审阅"   B. "公式"   C. "插入"   D. "开始"

4. 在 A1 单元格中输入身份证号，现在需要提取身份证后六位作为银行卡密码，可以使用下列（   ）公式完成操作。

A. =LEFT(A1,6)   B. =RIGHT(A1,6)

C. =MID(A1,6)   D. =ROUND(A1,6)

5. 在 WPS 电子表格中，B1:B20 为学生成绩，要统计出成绩低于 60 分的学生人数，则应在相应单元格中输入公式（   ）。

A. =COUNT(B1:B20,<60)   B. =COUNT(B1:B20,"<60")

C. =COUNTIF(B1:B20,<60)   D. =COUNTIF(B1:B20,"<60")

二、填空题

1. 在 WPS 电子表格中，可以使用_____选项卡中的"查找"命令来快速查找自己所需的数据。

2. 在进行自动分类汇总之前，必须对数据进行_____。

3. _____函数是最常用的查找和引用函数，它可以帮助用户快速查找表格中的特定值，并返回与之相关联的其他信息。

模块4 演示文稿制作

模块导读

WPS 演示文稿是 WPS 的核心组件之一，是一款用于制作和处理演示文稿的软件，主要用于职业培训、产品发布、工作汇报、公司宣传、课堂教学、商业演示等领域。利用它可以很好地介绍产品性能、展示企业形象、总结工作情况，做到图文并茂、富有感染力，并且可以通过图片、视频、音频、动画等多媒体形式表现复杂的内容，从而使听众更容易理解。

素材下载

本模块中重点学习 WPS 演示文稿的设计与制作。

本模块任务一览表

任务	关联的知识、技能点	建议课时	备注
任务1 制作月度销售业绩汇报	封面布局设计、插入图形形状、设置图形各种样式、添加封面各项元素、设置页面切换、演示文稿打包	6	每个任务都可通过扫描二维码获得视频解说，含详细的操作步骤及重难点的讲解
任务2 制作部门总结汇报	批注、动画路径的设置、幻灯片母版设置、布局设计、插入图形形状、交互式动画设计、数据的引用、扫描设置放映模式	6	

任务1　制作月度销售业绩汇报

知识目标

1. 了解WPS演示文稿的操作界面及常见工具的功能特点。

2. 掌握在幻灯片中插入文本框、图形、图片、表格、音频、视频等对象的方法。

3. 掌握合并形状的方法。

4. 掌握幻灯片切换方法。

5. 掌握各种对齐工具与辅助对齐的方式。

能力目标

1. 会对幻灯片进行排版与布局。

2. 会编辑和美化幻灯片。

3. 会利用合并形状功能制作创意图形。

素养目标

培养严谨细致的工作习惯，提升审美能力，增强职场办公技能。

情境导入

　　临近节假日，潍扬网络科技公司加大了宣传力度，销售部门全体人员团结拼搏，齐心协力超额完成了本月度的销售工作任务。月末，部门主管要求小程针对月度销售情况做汇报，小程需要使用形状、智能图形、图片等元素使演示文稿图文并茂，并且借助表格、图表等元素使数据以可视化的方式呈现，以便更好地展示销售业绩，明确下一步的销售策略目标。下面让我们和小程一起来完成这个任务吧。

知识准备

1. WPS演示文稿基础知识

WPS演示文稿界面大致可以分为5个部分：标签栏、功能区、幻灯片/大纲窗格、编辑区、状态栏，如图4-1-1所示。

2. 编辑图片

在制作幻灯片时，图片是必要的元素，经常需要对图片进行大小、角度和翻转的处理。

（1）调整图片大小

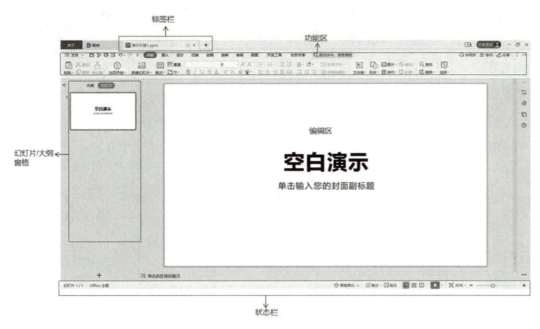

图 4-1-1　WPS 演示操作界面

在幻灯片中选中图片后，可以在"图片工具"选项卡下面的图片高度和宽度文本框中输入高度和宽度，如图 4-1-2 所示。也可以双击图片，在右侧会显示"对象属性"任务窗格，选择"形状选项"选项卡中的"填充与线条"选项卡，在"填充"选区中选中需要填充的颜色。

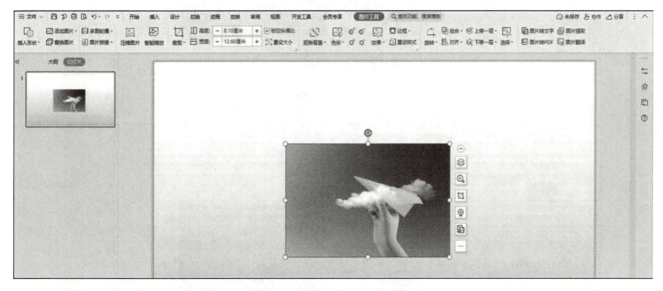

图 4-1-2　调整图片大小

（2）图片旋转

选中图片后，可以单击"图片工具"选项卡下面的"旋转"按钮，对图片进行旋转和翻转处理。也可以双击图片，在右侧会显示"对象属性"任务窗格，选择"形状选项"选项卡中的"大小与属性"选项卡，输入旋转角度，如图4-1-3所示。将鼠标指针移动到图片上方的控点上，当鼠标指针变为插入旋转的图标形状时，按住鼠标左键进行拖动，也可旋转图片。

（3）设置图片的顺序

如果插入的多张图片重叠在一起，就需要调整图片的显示顺序。调整图片显示顺序的方法为：选定需要调整显示顺序的图片，打开"图片工具"选项卡，单击"上移一层"按钮，可将选定的图片上移一层；单击"下移一层"按钮，可将选定的图片下移一层，如图4-1-4所示。这里将选定图片下移，如图4-1-5所示。也可以右击，单击"置于顶层"/"置于底层"。

图4-1-3　旋转图片

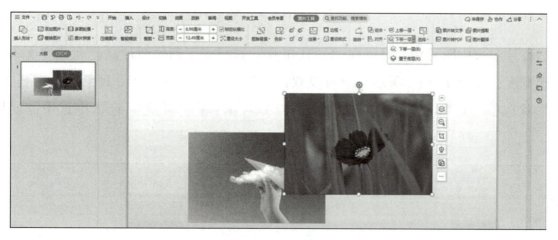

图4-1-4　下移前

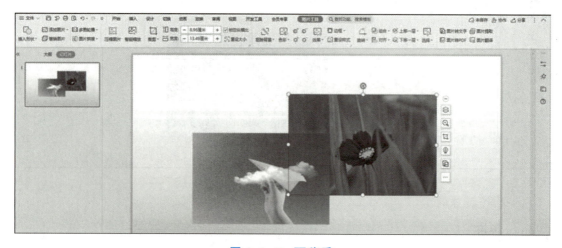

图4-1-5　下移后

3. 合并形状

当幻灯片中的图形较多时，容易出现选择和拖动的混乱和不便，这时可以将多个对象进行组合，使之成为一个独立的对象。

合并形状是对多个形状执行合并操作后，形状将变为一个新的自定义形状和图标。合并形状的五大子功能如下。

联合：联合是将多个形状合并为一个新的形状。

组合：组合和形状联合类似，不同的地方是形状重合部分会镂空。

拆分：是将多个形状进行拆分，重合部分会变为独立的形状。

相交：只保留形状之间重合的部分。

剪除：用第一个选中的形状减去与其他选中形状的重合部分。

合并形状操作方法如下。

方法一：在一张幻灯片中，按住 Ctrl 键不放，单击鼠标选中多个对象，此时单击在功能区出现的"绘图工具"选项卡，单击"组合"下拉按钮，在弹出的下拉菜单中选择"组合"命令，就可将这几个对象组合成一个对象。组合后的对象可以整体移动或设置属性。

如果需要拆分对象，选中要拆分的对象后，在"绘图工具"选项卡中单击"组合"下拉按钮，在弹出的下拉菜单中选择"取消组合"命令即可。

方法二：在一张幻灯片中，选中要组合的对象后，会自动显现出浮动工具栏，单击浮动工具栏上"组合"按钮，即可将这几个对象组合成一个对象。

如果需要拆分对象，选中要拆分的对象，在浮动工具栏中单击"取消组合"按钮。

方法三：选中要组合的对象后，右击，在弹出的快捷菜单中选择"组合"命令，再在弹出的子菜单中选择"组合"命令来组合对象。

如果需要拆分对象，右击要拆分的对象，在弹出的右键菜单中选择"组合"命令，在弹出的子菜单中选择"取消组合"命令。

4. 选定与对齐多个对象

对齐是幻灯片排版布局中非常重要的一个格式，WPS 演示中提供了智能对齐功能，通过该功能，可使多个对象快速按照一定的方式对齐排列。操作方法如下。

按住 Shift 键不放，同时选定两个或以上图形对象。选择"绘图工具"选项卡，单击"对齐"下拉按钮，在下拉菜单中选择对齐方式，如图 4-1-6 所示。也可以在图形上方的"浮动工具栏"中单击相应按钮进行设置。

5. 智能图形

智能图形是信息和观点的视觉表现形式，它可以表明一个循环过程、一个操作流程或一种层次关系，用简单、直观的方式表现复杂的内容，使幻灯片内容更加生动形象。

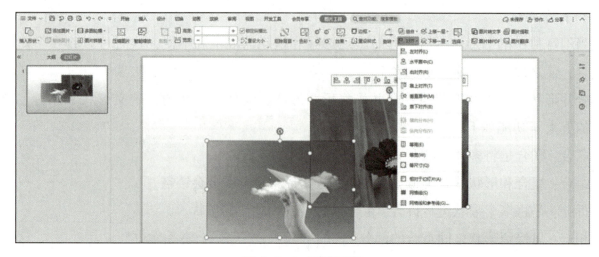

图 4-1-6　图形对齐

（1）插入智能图形

打开"插入"选项卡，单击"智能图形"按钮，弹出"选择智能图形"对话框，在该对话框单击所需的智能图形，如图 4-1-7 所示。

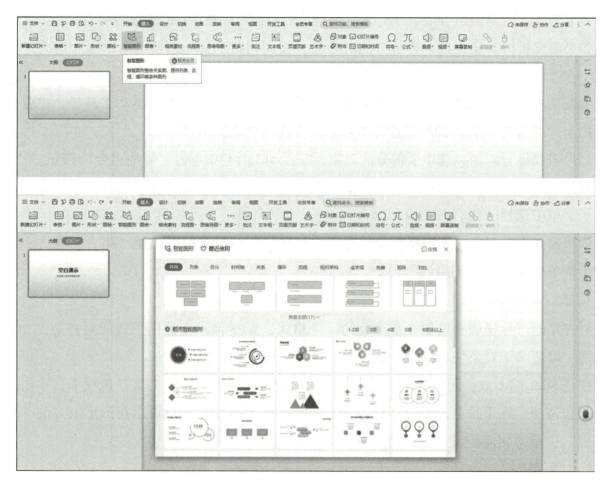

图 4-1-7　插入智能图形

（2）编辑智能图形

输入文本：插入智能图形后，需要在各形状中添加文本。单击智能图形中的任意一个形状，此时在该形状中出现文本插入点，直接输入文本。

添加形状：可以为智能图形添加形状，有两种操作方法。

方法一：选定需要添加形状最近位置的现有形状，打开"设计"选项卡，单击"添加项目"下拉按钮，在弹出的下拉列表中选择所需的选项。本例选择"在后面添加项目"，如图4-1-8所示，则在所选形状之后添加了形状。

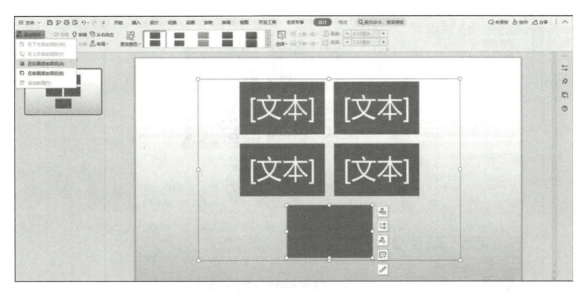

图 4-1-8　菜单栏添加形状

方法二：选定需要添加形状最近位置的现有形状，在选定形状的右侧出现纵向排列的快速工具栏，单击"添加项目"按钮，在弹出的列表中选择添加项目的位置，如图4-1-9所示。

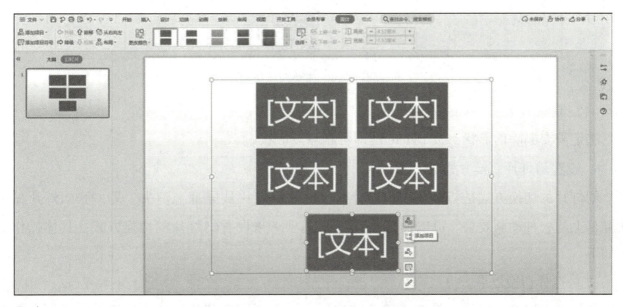

图 4-1-9　快速工具栏添加形状

（3）调整形状级别

上升一级或下降一级：选定需要上升一级或下降一级的形状，打开"设计"选项卡，单击"升级"或"降级"按钮，将选定的形状上升一级或下降一级，或者单击选定形状右侧纵向排列快速工具栏中的"更改位置"，单击"升级"按钮。

前移一级或后移一级：选定需要前移一级或后移一级的形状，打开"设计"选项卡，单击"前移"或"后移"按钮，将选定形状前移一级或后移一级，如图4-1-10所示。

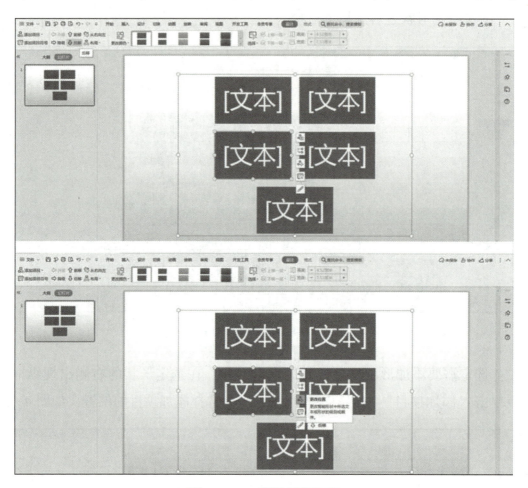

图4-1-10　调整形状级别

（4）删除形状

选定需要删除的形状，按Delete键即可删除该形状。

6. 设置幻灯片切换方式

幻灯片的切换方式是指在放映幻灯片时，一张幻灯片从屏幕上消失，另一张幻灯片显示在屏幕上的一种动画效果。可以通过"切换"选项卡来设置幻灯片的切换方式，具体操作方法如下。

（1）选择切换效果

选择要设置的幻灯片，单击"切换"选项卡，在"切换到此幻灯片"组的列表框中单击下拉按钮。在弹出的下拉列表中可查看所提供的多种切换方式，选择合适的切换效果，如图 4-1-11 所示。

图 4-1-11　选择切换效果

（2）选择切换方向

单击"效果选项"按钮，在弹出的下拉列表中选择该切换效果的切换方向，如图 4-1-12 所示，即可查看幻灯片的切换效果。

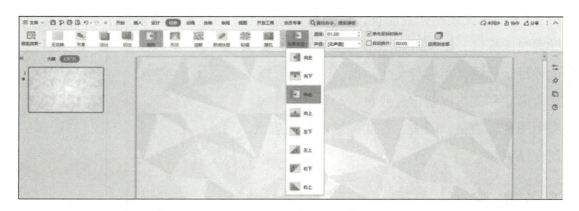

图 4-1-12　选择切换方向

（3）设置幻灯片切换方式

选择需要进行设置的幻灯片，选择"换片方式"组，在"换片方式"栏中显示了"单击鼠标时换片"和"自动换片"两个复选框，选中它们中的一个或同时选中，即可完成幻灯片换片方式的设置，如图 4-1-13 所示。

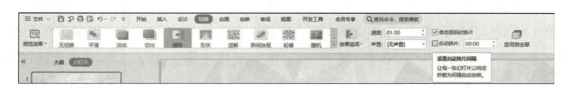

图 4-1-13　设置切换方式

7. 演示文稿基本结构

一个完整的演示文稿包含封面页、目录页、过渡页、内容页和结束页五部分内容。

封面页是 PPT 演示文稿的首页，包含演示文稿的主题、演讲者的姓名、日期等信息。标题页的设计应该简洁明了，让观众一眼就能看出演示文稿的主题和演讲者的身份。

目录页是演示文稿主要展示问题的纲要，列出了演示文稿的主要内容和章节，方便观众快速找到自己感兴趣的内容。目录页的设计应该清晰简洁，让观众一目了然。

内容页是演示文稿的核心部分，应该包含演示文稿的主要内容和重点。正文部分的设计应该注重内容的结构和布局，让观众能够轻松理解和接受演示文稿的内容。

结束页是演示文稿的结尾部分，针对演示文稿的主要内容进行总结，并展望未来的发展方向。总结和展望的设计应该简洁明了，让观众能够清晰地记住演示文稿的主要内容和发展方向。

任务分析

制作月度销售业绩汇报演示文稿涉及销售业绩介绍、销售额分析、存在的主要问题、下一步工作计划等内容，如何利用各种元素和数据制作图文并茂的汇报型演示文稿是设计的重点。使用 WPS 演示文稿制作封面页、目录页、过渡页、内容页和结束页，操作要求如下：

①设置封面标题，绘制封面图形。

②设置目录标题，布局与美化页面。

③插入形状和文本框制作过渡页。

④应用图片、表格、图表、智能图形制作内容页。

⑤制作结束页。

任务实施

操作步骤：

第一步　制作封面页

1. 设置封面标题

在第 1 张幻灯片中输入标题、副标题，并进行相关属性的设置。具体操作步骤如下：

（1）设置主标题

在第 1 张幻灯片中，单击"空白演示"占位符，在光标处输入文字"年度工作汇报"。选中全部文字，选择"开始"选项卡，单击"字体"下拉按钮，在下拉菜单中选择"微软雅黑"选项，单击"字号"下拉按钮，在下拉菜单中选择"72"磅，单击"加粗"按钮，单击"字体颜色"下拉按钮，在下拉菜单中选择"深红"选项。

（2）设置副标题

单击"此处输入副标题"占位符，在光标处输入文字"汇报人：×××，汇报时间：×××"。选中全部文字，选择"开始"选项卡，单击"字体"下拉按钮，在下拉菜单中选择"微软雅黑"选项，单击"字号"下拉按钮，在下拉菜单中选择"24"磅，设置字体颜色红色。

调整两个标题文本框的大小，将标题文本框拖动至幻灯片左侧合适的位置。

2. 绘制封面图形

在第 1 张幻灯片中插入合适的形状，并对形状进行设置。

（1）插入形状

在第 1 张幻灯片中，选择"插入"选项卡，单击"形状"下拉按钮，在下拉菜单中选择"矩形"形状，按住 Shift 键不放，在当前幻灯片的空白位置，按住鼠标左键拖动，绘制一个正方形。

（2）设置大小与旋转形状

单击绘制好的正方形，在右侧的"对象属性"任务窗格中，选择"形状选项-大小与属性"选项卡，在"大小"选区中，将"高度"和"宽度"均设置为"10.00 厘米"；选择"填充与线条"选项卡，在"填充"选区中，选中"纯色填充"单选按钮，将"颜色"设置为"深红"，将"线条"设置为"无"；将"旋转"设置为"45°"。

（3）复制形状

单击绘制好的正方形，按住 Ctrl 键不放，拖动鼠标，复制一个正方形。将鼠标指针移到正方形右下角的控制柄上，按住 Shift 键不放，再按住鼠标左键向上拖动鼠标，将正方形等比例缩小到合适的大小。为方便区分两个正方形，将小正方形的填充颜色设置为"黄色"。

（4）对齐形状

按住 Shift 键不放，分别单击大正方形和小正方形，同时选定两个图形对象。在上方的"浮动工具栏"中，单击"中心对齐"按钮，两个正方形水平、垂直均居中对齐。

（5）合并形状

先单击大正方形，按住 Shift 键不放，再单击小正方形，选定两个正方形后，选择"绘图工具"选项卡，单击"合并形状"下拉按钮，在下拉菜单中选择"组合"选项，将两个形状重叠的部分（小正方形）删除，组合后得到一个正方形环，其颜色与大正方形的颜色一致，即合并操作前，选定多个形状时，第 1 个选定形状的颜色，如图 4-1-14 所示。

（6）插入正方形

选择"插入"选项卡，单击"形状"下拉按钮，在下拉菜单中选择"矩形"形状，按住 Shift 键不放，绘制正方形。

（7）设置对齐

按住 Shift 键不放，选中正方形和正方形环，在上方的"浮动工具栏"中单击"中心对齐"按钮，两个图形水平、垂直均居中对齐，如图 4-1-15 所示。

（8）剪除

按住 Shift 键不放，依次选中大正方形环和小正方形，选择"绘图工具"选项卡，单击"合并形状"下拉按钮，在下拉菜单中选择"剪除"选项，如图 4-1-16 所示，将合并后的图形移动到右侧的合适位置。

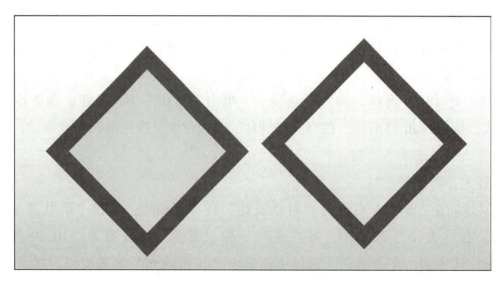

图 4-1-14　图形组合前后效果对比

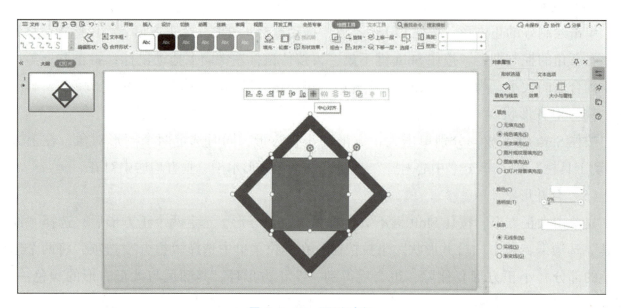

图 4-1-15　图形对齐

（9）插入图片

再绘制一个小正方形，将图形等比例缩放至合适大小，将其旋转 45°。选择"对象属性"窗格的"形状选项"选项卡中的"填充与线条"选项卡，在"填充"选区中选中"图片或纹理填充"单选按钮，在"图片填充"下拉菜单中选择"本地文件"选项，打开"选择纹理"对话框。在该对话框中，选择素材图片"纸飞机.jpg"，单击"打开"按钮。在"放置方式"下拉菜单中选择"拉伸"选项；取消勾选"与形状一起旋转"复选框；在"线条"下拉菜单中选择"实线"选项，设置颜色为红色，如图 4-1-17 所示。

选择"插入"选项卡，单击"图片"下拉按钮，选择本地图片，插入四张图片，调整图片大小，将其放置在幻灯片右上角。

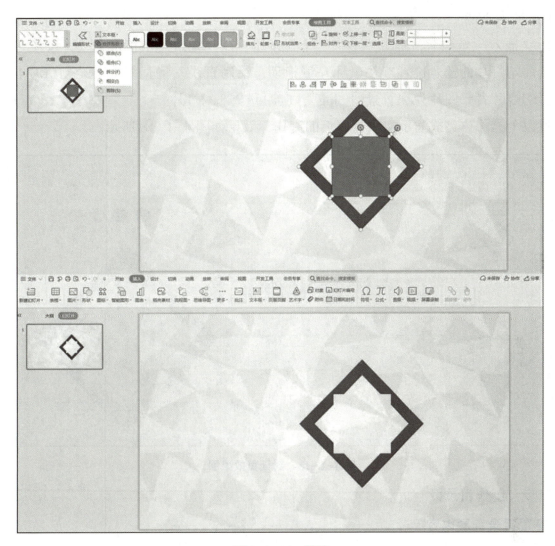

图 4-1-16　剪除

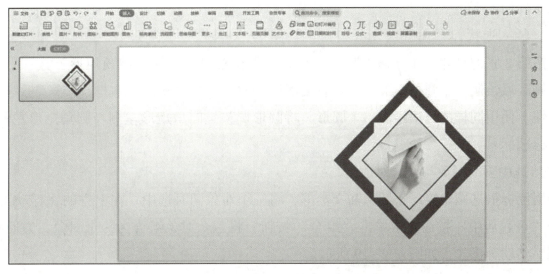

图 4-1-17　图形效果

（10）插入直线

选择"插入"选项卡，单击"形状"下拉按钮，在"线条"中单击直线，按住 Shift 键不放，在当前幻灯片的任意位置按住鼠标左键拖动，绘制直线。将直线拖动至幻灯片合适的位置。设置幻灯片背景图片为"背景图.jpg"，应用到全部幻灯片。

通过以上操作，完成演示文稿封面页的制作，效果如图 4-1-18 所示。

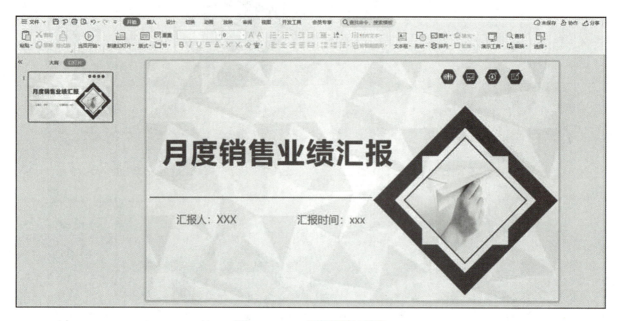

图 4-1-18　封面页效果图

第二步　制作目录页

1. 设置目录标题内容

在第 2 张幻灯片中，通过插入形状、文本框等对象，显示目录页中的信息，并设置有关属性。具体操作如下。

（1）插入形状

单击第 2 张幻灯片，在"插入"→"形状"下拉菜单中选择"圆角矩形"选项，在幻灯片的右侧区域绘制一个圆角矩形，设置有关属性。插入一个"横向文本框"，输入标题文字并设置属性。使用同样的方法绘制一个圆形，将圆形调整至圆角矩形左侧与圆角矩形左侧贴合，并输入标题标号。

（2）选中多个对象与组合对象

使用鼠标框选圆角矩形、圆形和文本框，将三个对象同时选中。在上方的"浮动工具栏"中单击"垂直居中"按钮，再单击"组合"按钮，将三个对象组合为一个对象，方便对其进行复制、移动等操作，如图 4-1-19 所示。

图 4-1-19　设置目录标题内容

2. 布局与美化页面

在第 2 张幻灯片的左侧区域中，绘制一个直角梯形矩形，对目录页幻灯片进行布局与美化。

①绘制图形。选择"插入"→"形状"→"矩形"选项，绘制矩形。

②布局与美化。在"对象属性"任务窗格中，设置矩形的填充颜色为"深红"，线条为"无"。调整矩形的大小，使其与幻灯片的高度一致，并放在幻灯片的左侧。

③在"插入"选项卡中，选择"文本框"下拉菜单中的"横向文本框"选项，在文本框中输入文字"目录"。设置字体为"微软雅黑"，第 1 行的字号为"33"磅，加粗。

通过以上操作，完成演示文稿目录页的制作，效果如图 4-1-20 所示。

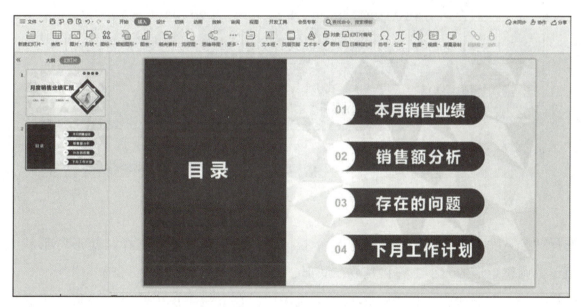

图 4-1-20　目录页效果图

第三步　制作过渡页

1. 插入形状

在第 3 张幻灯片中插入一个矩形，双击该矩形，打开对象属性对话框，设置矩形的高度为

8.5 厘米，宽度为 22.5 厘米，填充色为灰色，设置线条为黑色，将矩形放置于幻灯片中央。插入圆形，双击该图形，打开对象属性对话框，选择"形状选项–填充与线条"选项卡，在"填充"选区中选中"图片或纹理填充"单选按钮，在"图片填充"下拉菜单中选择"本地文件"选项，打开"选择纹理"对话框。在该对话框中，选择素材图片"曲线.jpg"，单击"打开"按钮。在"放置方式"下拉菜单中选择"拉伸"选项；在"线条"下拉菜单中选择"无实线"选项，如图 4-1-21 所示。

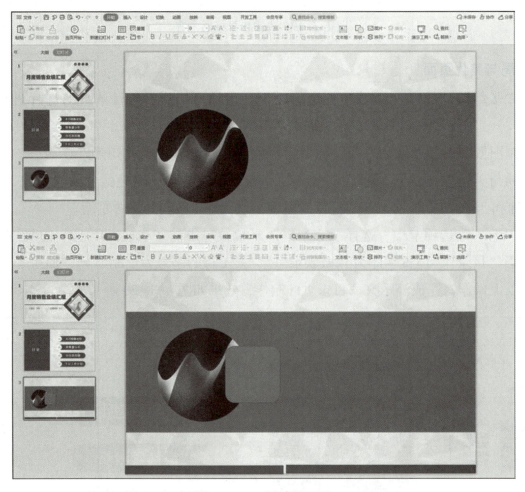

图 4-1-21　过渡页图形

选择"插入"选项卡，单击"形状"下拉按钮，在下拉菜单中选择"矩形"形状，绘制两个矩形，调整矩形的大小，并将其放在底部。

选择"插入"选项卡，单击"形状"下拉按钮，在下拉菜单中选择"矩形"形状，绘制圆角矩形，调整圆角矩形的大小，并将其放在圆形图片上右侧位置。

2. 插入图片

选择"插入"选项卡，单击"图片"下拉按钮，选择本地图片，插入四张图片，调整图片大小，将其放置在幻灯片左上角。

3. 剪除

按住 Shift 键不放，依次选中圆形和圆角矩形，选择"绘图工具"选项卡，单击"合并形状"下拉按钮，在下拉菜单中选择"剪除"选项，如图 4-1-22 所示。

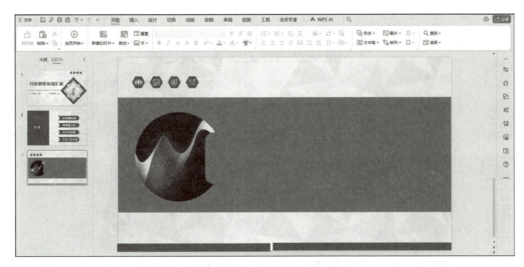

图 4-1-22　剪除效果

4. 设置过渡页标题内容

按照目录页幻灯片中标号文本框和标题文本框的制作方法完成过渡页幻灯片的标号和标题的制作，完成效果如图 4-1-23 所示。按照此方法完成其他过渡页的制作。

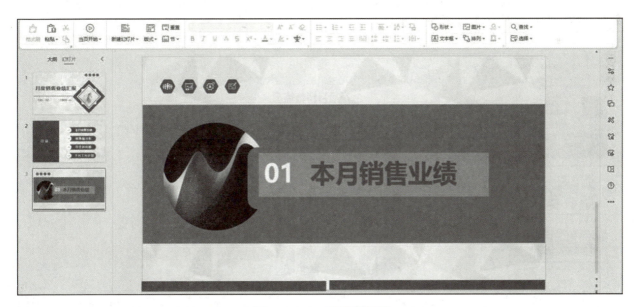

图 4-1-23　过渡页效果

第四步　制作内容页

1. 插入表格和图片

新建 1 张空白版式的幻灯片。在幻灯片中，利用表格对幻灯片内容进行图文排版，插入一个2行×3列的表格。将表格的行高设置为7厘米，列宽设置为10厘米。将表格移到幻灯片中的合适位置。在对应的单元格中插入图片，如图4-1-24所示。

图4-1-24　表格与图片效果图

2. 插入图表

新建1张空白版式的幻灯片。在幻灯片中插入一张柱状图，以图形化的方式展示数据，实现数据的可视化，如图4-1-25所示。

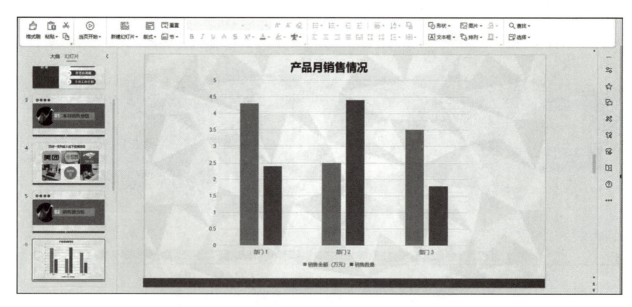

图4-1-25　图表效果图

3. 插入智能图形

新建1张空白版式的幻灯片，选择"插入"选项卡，单击"智能图形"按钮，打开"智能图形"对话框，在该对话框的"列表"选项卡中，单击"垂直图片重点列表"缩略图，在当前幻灯片中插入该智能图形。在智能图形中添加项目。单击智能图形中的任一文本框，选择"设计"选项卡，单击"添加项目"按钮，在下拉菜单中选择"在后面添加项目"选项。对插入的智能图形进行编辑，效果如图 4-1-26 所示。

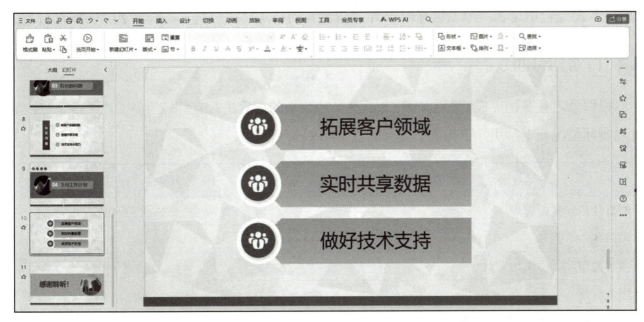

图 4-1-26　智能图形效果图

第五步　制作结束页

结束页制作参照过渡页的操作过程，完成效果如图 4-1-27 所示。

图 4-1-27　结束页效果图

第六步 设置幻灯片切换方式

选择要设置的幻灯片，单击"切换"选项卡，在"切换"组的列表框中单击下拉按钮。在弹出的下拉列表中可查看所提供的多种切换方式，选择合适的切换效果。单击"效果选项"按钮，在弹出的下拉列表中选择该切换效果的切换方向。选择需要进行设置的幻灯片，在"换片方式"栏中设置"单击鼠标时"和"设置自动换片时间"完成幻灯片换片方式的设置。

 任 务 评 价

根据学习任务的完成情况，对照"观察点"列举的内容进行自评或互评。"观察点"内容可视实际情况在老师引导下拓展。

观察点	☺	☺	☹
幻灯片色彩搭配合理			
风格统一、美观			
内容简单明了，突出重点			
图表直观			
语言简洁、结构合理、逻辑清晰			

知识盘点

文字、图片、排版、配色、动画是演示文稿制作的五大要素。本任务围绕月度销售业绩汇报的制作，介绍了幻灯片图形的制作、合并形状、组合对象、文本框、智能图形、图表和设置幻灯片切换效果的相关知识。利用文本框，可在幻灯片的任意位置摆放内容，灵活控制显示内容的位置。通过学习与运用这些知识和技能，能够制作生动的图文并茂的演示文稿。

 技 能 拓 展

①幻灯片的配色方案。

配色方案是一组可用于演示文稿的预设颜色。整个幻灯片可以使用一个色彩方案，也可以分成若干个部分，每个部分使用不同的色彩方案。配色方案由"背景""文本和线条""阴影""标题文本""填充""强调""强调文字和超链接""强调文字和已访问的超链接"8个颜色设置组成。方案中的每种颜色会自动应用于幻灯片上的不同组件。

背景：背景色就是幻灯片的底色，幻灯片上的背景色出现在所有的对象目标之后，所以它对幻灯片的设计是至关重要的。

文本和线条：文本和线条色就是在幻灯片上输入文本和绘制图形时使用的颜色，所有用文本工具建立的文本对象，以及使用绘图工具绘制的图形都使用文本和线条色，而且文本和线条色与背景色形成强烈的对比。

阴影：在幻灯片上使用"阴影"功能加强物体的显示效果时，使用的颜色就是阴影色。在通常的情况下，阴影色比背景色要暗一些，这样才可以突出阴影的效果。

标题文本：为了使幻灯片的标题更加醒目，也为了突出主题，可以在幻灯片的配色方案中设置用于幻灯片标题的标题文本色。

填充：用来填充基本图形目标和其他绘图工具所绘制的图形目标的颜色。

强调：可以用来加强某些重点或者需要着重指出的文字。

②请利用素材文件设计制作公司宣传片。

任务 2　制作部门总结汇报

知识目标

1. 了解动画在幻灯片中的作用。

2. 了解动画的四种类型，掌握动画的基本设置。

3. 掌握幻灯片母版的编辑及应用方法。

4. 掌握幻灯片动画设置与切换方式。

5. 掌握幻灯片排练计时与放映方法。

能力目标

1. 会设置幻灯片母版，会根据实际需要选择合适的动画。

2. 会能够灵活运用所学知识实现各种类型动画制作。

3. 能够进行幻灯片的美化。

4. 会使用排练计时进行放映。

5. 能完成汇报类演示文稿的制作与美化。

素养目标

提高审美能力，增强职场办公技能。

情境导入

年末，潍扬网络科技公司要求员工做年度工作总结汇报。汇报需主题鲜明，布局美观，图文并茂，别具一格，小程对此非常重视，立即着手收集整理图片文字资料，准备使用 WPS 演示文稿制作汇报 PPT。下面，让我们跟小程一起做起来吧！

知识准备

1. 幻灯片母版设置

在制作演示文稿时，经常需要设置统一的文本格式、背景或标志等，通过修改母版可以对演示文稿中所有使用同一母版的幻灯片进行批量修改。操作方法如下：

（1）选中需要更改的幻灯片母版

单击"视图"→"幻灯片母版"按钮，演示文稿将切换到"幻灯片母版"视图，如图 4-2-1 所示。在左侧列表框中选中需要更改的幻灯片对应的母版。

图 4-2-1　幻灯片母版

（2）设置字体格式

在右侧窗格中单击选中"标题"占位符，在"开始"选项卡的"字体"组中单击相应的按钮，可对字体格式进行设置。

（3）设置标题格式

切换到"文本工具"选项卡，可对标题的"形状样式""艺术字样式"和"排列方式"等进行设置。

可以使用幻灯片母版插入图片，例如公司标志。大多数企业都有自己的公司标志，在制作业务推广或销售培训演示文稿时，在幻灯片中插入公司标志能够起到更好的宣传作用。具体操作方法如下。

进入"幻灯片母版"视图，选中幻灯片母版，切换到"插入"选项卡，单击"插图"组中的"图片"按钮，弹出"插入图片"对话框，找到并选中公司标志图片，单击"插入"按钮，此时即可看到标志已插入母版中。根据需要调整图片大小，并将其移动到页面合适的位置即可。

（4）设置幻灯片版式

单击"设计"选项卡下的"智能美化"按钮，在弹出的"全文美化"对话框中按需求选择模板，预览模板后，单击下方的"应用美化"按钮，即可将模板应用到幻灯片母版中，如图 4-2-2 所示。

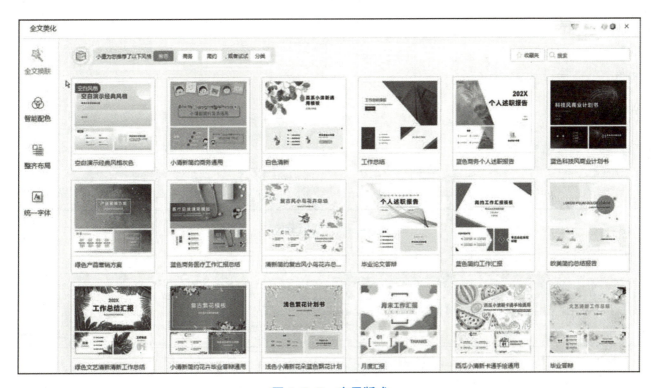

图 4-2-2　应用版式

2. 动画设置

（1）添加动画

在打开的演示文稿中选择需要设置动画效果的幻灯片，然后选中需要设置动画效果的对象，在"动画"选项卡下单击"动画"组中的下拉按钮，在弹出的下拉列表中选择合适的进入、强调以及退出动画效果即可，如图 4-2-3 所示。

（2）设置动画

若需要设置更详细的动画效果，可在"自定义动画"任务窗格中单击"添加效果"按钮，可以设置动画效果，还可以在"自定义动画"窗格中设置动画的开始方式、方向、动画显示速度等属性。

3. 排练计时

排练计时是指在排练过程中设置幻灯片的播放时间。排练计时的设置方法为：在要进行排练计时的演示文稿中，切换到"放映"选项卡，然后单击"排练计时"按钮进入全屏放映幻灯片状态，如图 4-2-4 所示。同时，屏幕的左上角将打开"预演"工具条进行计时，此时演示者可以开始排练演示时间。

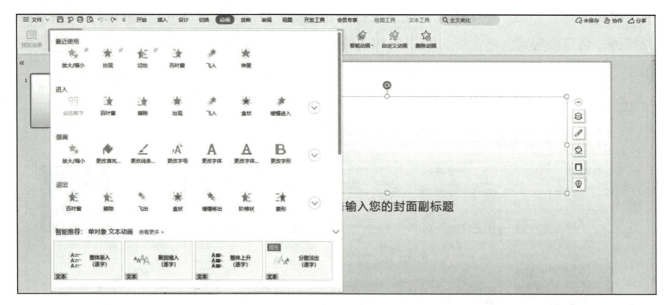

图 4-2-3　添加动画

图 4-2-4　排练计时

在排练计时的过程中，可进行如下操作。

当需要对下一个动画或下一张幻灯片进行排练时，可单击"预演"工具条中的"下一项"按钮。在排练过程中因故需要暂停排练，可单击"预演"工具条中的"暂停"按钮暂停计时。预演计时器左、右两个计时时长分别是：左侧时长是本页幻灯片的单页演讲时间计时，右侧时长是全部幻灯片演讲总时长。

若因故需要对当前幻灯片重新排练，可单击"重复"按钮，将当前幻灯片的排练时间归零，并重新计时。

4. 将演示文稿转换为视频文件

将演示文稿制作成视频文件后，可以使用常用的播放软件进行播放，并能保留演示文稿中的动画、切换效果和多媒体等信息。在"文件"选项卡内单击"另存为"命令，在对应的子选项卡中单击"输出为视频"命令，即将演示文稿转换为视频，如图4-2-5所示。

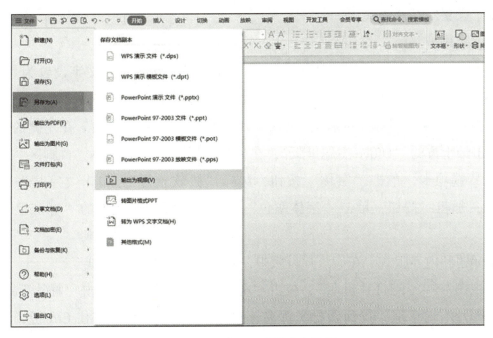

图 4-2-5　演示文稿输出为视频

 任务分析

本任务介绍汇报类演示文稿的制作方法，主要介绍了排练计时、动画路径的设置、幻灯片母版设置、动画设置、放映模式设置、将演示文稿输出为视频。通过"视图"选项卡，设置幻灯片母版，美化幻灯片。通过"动画"选项卡，设置、修改及复制动画效果。通过"放映"选项卡，进行排练计时，设置放映方式。最后，将演示文稿输出为视频。

操作要求如下：

①在幻灯片中插入页脚。

②设置幻灯片版式。

③幻灯片美化。

④设置动画效果。

⑤放映与输出演示文稿。

任务实施

操作步骤：

第一步　在幻灯片中插入页脚

打开"部门总结汇报"演示文稿，单击"插入"选项卡中"页眉页脚"按钮，在"幻灯片"选项卡下勾选"页脚"复选框，输入"销售部"，单击"全部应用"按钮。

第二步　设置幻灯片版式

①修改主题母版。

在幻灯片母版中，修改"主题母版"中的"页脚区"文本框，文字设置为"微软雅黑，14磅，加粗"，字体颜色为标准色"深蓝色"。操作方法如下：

单击"视图"→"幻灯片母版"，进入"幻灯片母版"编辑界面。在左侧的版式缩略图中找到并单击最上方的"Office主题母版"，在母版编辑区的底部选中"页脚区"占位符，切换到"开始"选项卡，单击"字体"按钮，选择"微软雅黑"，单击"字号"按钮，选择"14"，单击"加粗"按钮，单击"字体颜色"按钮，在下拉列表框的"标准色"栏中选择"深蓝色"。

②修改标题和内容版式。在幻灯片母版中，修改"标题和内容版式"。

单击"视图"→"幻灯片母版"，单击"标题和内容版式"，单击"插入"→"图片"，打开"插入图片"对话框，找到素材文件夹位置，单击"图标"，按住Ctrl键，单击"公司Logo"，确认后单击插入图片对话框中的"打开"按钮。

单击"图标"，在任务窗格中，单击"大小与属性"按钮，在"大小"栏中，高度输入"2"厘米，在"位置"栏中，水平位置输入"11.5"厘米，相对于选"左上角"，垂直位置输入"1.5"厘米，相对于选"左上角"，设置并调整"公司logo"位置，使其位于幻灯片右上角。

③选中标题占位符（"单击此处编辑母版标题样式"所在文本框），设置字体字号和颜色。

④对齐对象。先选中标题占位符文本框，按住Shift键或Ctrl键，再单击图标，即可同时选中单击的对象，在显示的"浮动工具栏"中，单击"垂直居中"按钮，效果如图4-2-6所示。

图4-2-6　对齐对象

第三步　幻灯片美化

设置幻灯片背景。在幻灯片母版中，单击"设计"选项卡中的"背景"按钮，在工作界面右侧的任务窗格中，在"填充"栏选择"图片或纹理填充"单选项，在"纹理填充"右侧的下拉选项中选择"纸纹2"，单击"全部应用"按钮，即可完成幻灯片背景设置，如图4-2-7所示。退出幻灯片母版，即可看到幻灯片背景效果。

第四步　设置动画效果。

在母版版式中，为"标题和内容版式"和"两栏内容版式"的标题占位符、内容占位符

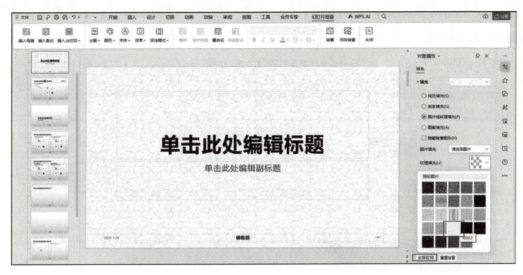

图 4-2-7　设置幻灯片背景

设置动画效果。动画类型为"擦除",动画方向为"自左侧",动画速度为"快速"。具体操作步骤如下:

①添加动画。单击"单击视图"→"幻灯片母版",在左侧的版式缩略图中找到并单击"标题和内容版式",选中"单击此处编辑母版标题样式"文本框。切换到"动画"选项卡,单击"动画"下拉按钮,在下拉列表框的"进入"栏中选择"擦除"命令,即可对选定的对象设置动画效果。

②设置动画属性。单击"动画"→"自定义动画",在右侧打开"自定义动画"任务窗格。在"开始"下拉菜单中选择"之后"项,"方向"选择"自左侧","速度"选择"快速",即完成该对象动画的设置操作。

③使用动画刷。使用"动画刷"将"标题和内容版式"中标题占位符的动画效果设置到"两栏内容版式"的标题占位符和内容占位符上。

在"标题和内容版式"中单击"单击此处编辑母版标题样式"文本框,切换到"动画"选项卡,双击"动画刷",单击标题下方的内容占位符文本框;在左侧的版式缩略图中找到并单击"两栏内容版式",在幻灯片编辑区,依次单击"单击此处编辑母版标题样式"文本框、内容第1栏的文本框、内容第2栏的文本框。按 Esc 键取消动画刷。

第五步　放映与输出演示文稿

1. 设置排练计时

单击"放映"→"排练计时",在下拉菜单中选择"排练全部"选项,从第1张幻灯片开始,排练全部幻灯片。

进入放映排练状态时,幻灯片将全屏放映,同时打开"预演"工具栏并自动为该幻灯片计时,可单击或按 Enter 键放映下一张幻灯片。

可根据需要控制每张幻灯片的放映时长。每张幻灯片都排练放映后（或者按Esc键终止放映），会弹出提示对话框，单击"是"按钮可保存排练时间，并且打开幻灯片浏览视图，可以查看每张幻灯片的排练时间，如图4-2-8和图4-2-9所示。

图4-2-8　排练计时

图4-2-9　结束排练计时

2. 设置幻灯片放映方式

制作演示文稿的目的就是演示和放映。在放映幻灯片时，用户可以根据自己的需要设置放映类型。下面介绍如何设置幻灯片放映方式。

①单击"放映"选项卡中的"放映设置"下拉按钮，可以选择手动放映、自动放映或放映设置，如单击"放映设置"，即可打开"放映设置方式"对话框，如图4-2-10所示。

图4-2-10　幻灯片放映方式

②设置放映方式。打开"设置放映方式"对话框，在"放映选项"选项组中勾选"循环

放映，按 Esc 键终止"复选框。单击"确定"按钮，如图 4-2-11 所示。

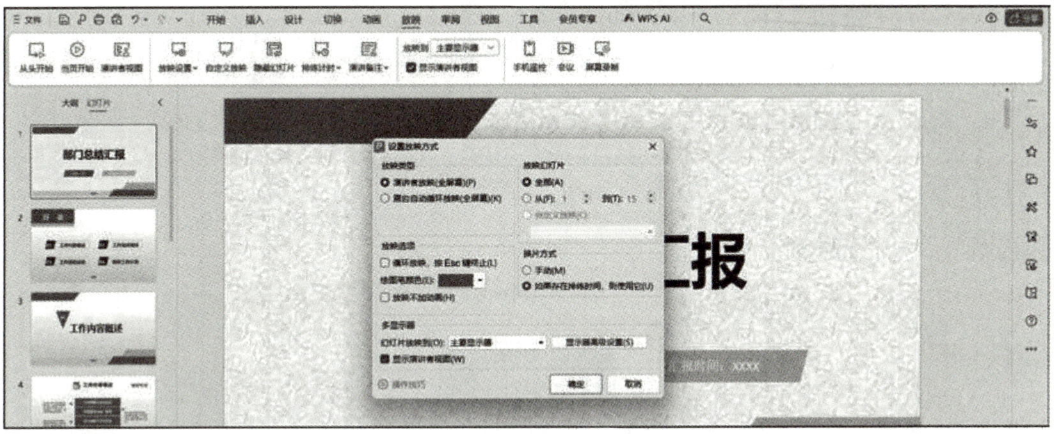

图 4-2-11 　设置幻灯片放映方式

3. 将演示文稿输出为视频

WPS Office 是一款功能全面且强大的办公软件，它不仅支持文档、表格和演示文稿的高效创建与灵活编辑，还特别提供了将演示文稿导出为视频格式的功能，极大地方便了用户进行内容分享和跨平台播放。输出为视频的操作步骤如下：

①输出为视频。单击"文件"选项卡中的"另存为"命令，选择"输出为视频"。在对话框中选择文件路径，勾选"同时导出 WebM 视频播放教程"复选框，单击"保存"按钮。如图 4-2-12 所示。

图 4-2-12 　输出视频对话框

②安装视频解码器插件。单击"保存"按钮后，在弹出的对话框中勾选"我已阅读"复选框，单击"下载并安装"按钮，如图 4-2-13 所示，根据提示完成相关操作。

图4-2-13　安装视频解码器

根据学习任务的完成情况，对照"观察点"列举的内容进行自评或互评。"观察点"内容可视实际情况在老师引导下拓展。

观察点	☺	😐	☹
正确插入页脚			
完成页码格式设置			
幻灯片美观，突出重点			
合理设置动画效果			
将演示文稿输出为视频			

本项目介绍如何制作工作汇报演示文稿，综合运用布局设计、幻灯片母版设计、幻灯片动画设置、放映方式设置、将演示文稿打包成视频文件等技能，实现演示文稿设计到成果展示的完整过程。

①路径动画。

让指定对象沿轨迹运动，可以为对象添加路径动画。WPS演示文稿共有三大类几十种动作路径，用户可以直接使用这些动作路径。设置动作路径的操作步骤如下。

选择动作效果：切换到"动画"选项卡，在"动画"组中单击列表框中的下拉按钮。在弹出的列表中选择"动作路径"栏中的任意动作效果即可，如图 4-2-14 所示。

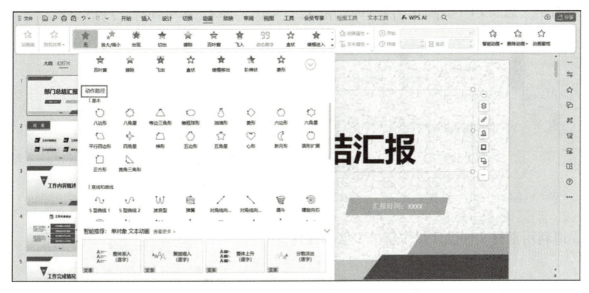

图 4-2-14　动作路径

绘制自定义路径：鼠标指针将呈铅笔形状，此时可按住鼠标左键不放，拖动鼠标进行绘制即可，如图 4-2-15 所示。

图 4-2-15　绘制自定义路径

设置路径效果：路径设置完后，如果对效果不是很满意，可以更改路径长度。选中路径，将鼠标指向绿色或红色图标，拖动鼠标即可调整动作的开始或结束位置以及路径长度；将鼠标移动到上方的方向图标处，还可以调整路径方向。移动对象时，如果不需要路径随着对象的位置改变，还可以在"效果选项"的下拉列表中选择"锁定"选项。

②批注。

选中已添加的批注，右击批注编辑框，在弹出的界面可选择编辑批注、复制文字、插入批注和删除批注，即可对批注内容进行相应的操作，如图 4-2-16 所示。

单击"审阅"选项卡中的"上一条"/"下一条"按钮，可在不同批注间跳转，如图 4-2-17 所示。想要 PPT 页面中不显示批注标记，单击"显示/隐藏标记"即可切换。

图 4-2-16　设置批注

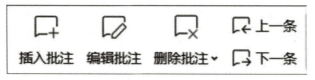

图 4-2-17　跳转批注

③请利用素材文件设计制作新员工培训课件。

理论延伸

一、单选题

1. 可以在 PowerPoint 同一窗口显示多张幻灯片，并在幻灯片下方显示编号的视图是（ ）。

A. 普通视图 　　　　　　　　　　B. 幻灯片浏览视图

C. 备注页视图 　　　　　　　　　D. 阅读视图

2. 在 WPS 演示中，下列属于强调动画的是（ ）。

A. 更改线条颜色 　　　　　　　　B. 飞入

C. 百叶窗 　　　　　　　　　　　D. 盒状

3. 在 WPS 演示中，下列（ ）不属于自定义路径动画。

A. 直线 　　　　　　　　　　　　B. 自由曲线

C. 任意多边形 　　　　　　　　　D. 波浪形

4. 在 WPS 演示中，关于图片裁剪，描述错误的是（ ）。

A. 可以按"五角星"形状裁剪 　　　B. 可以按"圆角矩形"形状裁剪

C. 可以自由裁剪 　　　　　　　　D. 不可以按比例裁剪

5. 在 PowerPoint 演示文稿中，不可以使用的对象是（ ）。

A. 图片 　　　　B. 超链接 　　　　C. 视频 　　　　D. 书签

6. 在 WPS 演示文稿中，下列关于超链接的说法，不正确的是（　　　）。

A. 可以链接到本演示文稿的某页幻灯片上

B. 可以链接到其他演示文稿的某页幻灯片上

C. 可以链接到网页地址上

D. 可以链接到其他文件上

二、填空题

1. 一个完整的演示文稿包含_____、_____、_____、_____、_____五部分内容。

2. WPS 演示_____命令可以实现幻灯片之间的跳转。

3. 要终止幻灯片的放映，返回编辑状态，可直接按_____键。

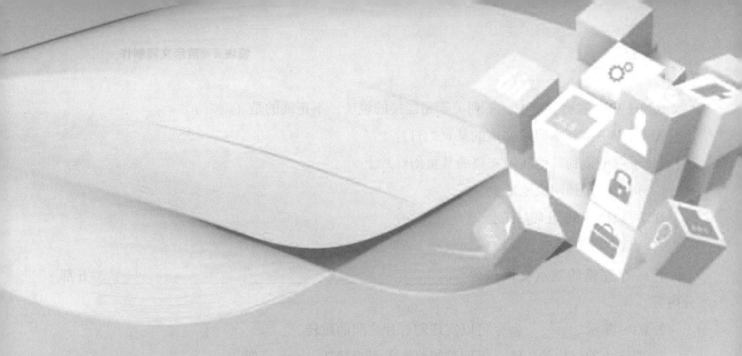

模块 5　协作办公

模块导读

　　协作办公是指通过使用各种工具和技术，使团队成员能够共享信息、协作工作、实时沟通，并最终达成共同目标的一种工作方式。通过协作办公，不仅可以提高工作效率，还能提供更好的工作灵活性。

　　本模块重点学习使用云文档协同办公和使用云会议召开线上会议。

本模块任务一览表

任务	关联的知识、技能点	建议课时	备注
任务 1　使用云文档协同办公	金山文档的创建、金山文档的在线协作、金山文档导出	4	每个任务都可通过扫描二维码获得视频解说，含详细的操作步骤及重难点的讲解
任务 2　使用云会议召开线上会议	腾讯会议软件的下载与安装、腾讯会议的预定与分享、腾讯会议的功能设置	4	

任务 1　使用云文档协同办公

情境导入

　　部门主管安排小程统计本部门员工的基本信息表，小程为了快速、准确地完成任务，决定使用云文档来完成员工信息表的统计，下面让我们跟着小程一起来操作吧。

知识准备

1. 云文档

　　随着技术的发展，云文档成为越来越多企业用户和个人用户的文档处理工具。云文档是指一种基于云计算技术的文档协作平台，它可以让人们通过互联网浏览和编辑文档，同时，云文档可以跨平台同步，用户可以在电脑端和移动终端访问文档。云文档的协作功能，可以让不同团队成员通过云文档实现文档协作，提高了文档协作的效率。云文档也支持企业用户进行安全存储和备份，可以让企业用户实现远程存储和备份，保护企业的文档安全。

2. 常用的云文档

（1）腾讯文档

腾讯文档是一款可多人同时编辑的在线文档，支持在线 Word、Excel、PPT、PDF、思维导图、流程图多种类型，可以在电脑端（PC 客户端、腾讯文档网页版）、移动端（腾讯文档 App、腾讯文档微信/QQ 小程序）、iPad（腾讯文档 App）等多类型设备上随时随地查看和修改文档。打开网页就能查看和编辑，云端实时保存，权限安全可控。

5-1-1　云文档
介绍操作视频

（2）金山文档

金山文档是由金山办公软件有限公司发布的一款可多人实时协作编辑的文档创作工具软件。支持多人实时在线查看和编辑，实时保存，随时可以恢复到指定的历史版本。金山云端文件可加密存储，发起者可指定协作人，还可以设置使用权限、文档查看期限以及查看次数等控制方式，防止数据流转丢失。

（3）石墨文档

石墨文档是自主知识产权的国产化办公软件，支持多人在线文档协同办公，实现多终端、跨地域、随时随地在线办公，涵盖在线文档、在线表格、应用表格等八大办公套件即写即存统一管理、高效共享。

任务分析

小程使用金山文档来完成员工信息表的统计，需要先使用金山文档创建员工信息表，部门其他员工在线编辑金山文档，等所有员工完成编辑后，导出员工信息表完成信息统计。

任务实施

第一步　金山文档的创建

5-1-2　操作视频

1. 启动金山文档

启动并登录金山文档，单击界面下方的"+"按钮，进入创建金山文档界面，如图 5-1-1 所示。

2. 创建金山文档

可以选择新建在线文档、Office 文档、轻维表、思维导图，也可以通过导入文件的方式创建。本任务中要统计员工信息，因此选择创建表格，如图 5-1-2 所示。

图 5-1-1　登录金山文档

3. 创建员工信息表

可以选择新建空白表格，也可以通过添加模板方式创建员工信息表。在本任务中，通过新建空白表格创建员工信息表，如图 5-1-3 所示。

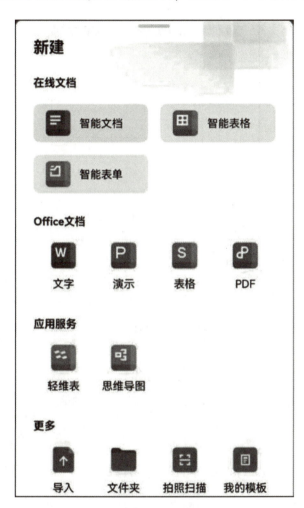

图 5-1-2　创建金山文档

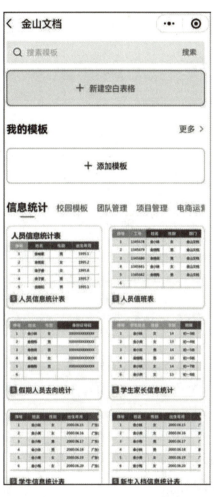

图 5-1-3　创建员工信息表

第二步　金山文档的在线编辑

金山文档的在线编辑功能包括文字编辑、插入功能、数据筛选与排序、查找与替换功能，如图 5-1-4 所示。

1. 文字编辑

文字编辑功能可以设置单元格填充颜色、字体颜色、字体样式、字号、字体、对齐方式、边框等。通过文字编辑功能输入员工信息表的表头内容：工号、姓名、出生日期、性别、学历、工作年限、联系方式，设置单元格填充颜色为蓝色、字体颜色为白色、居中对齐，如图 5-1-5 所示。

5-1-3　操作视频

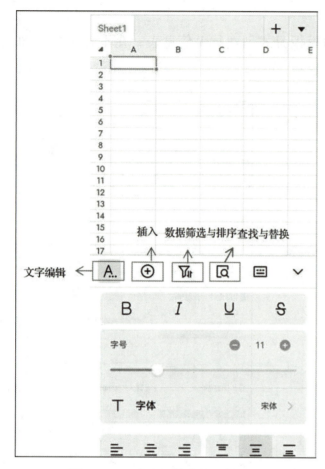

图 5-1-4　金山文档在线编辑功能

图 5-1-5　金山文档文字编辑功能

2. 插入功能

通过加入功能可以插入单元格图片、浮动图片、行列/单元格、函数、复选框、超链接、文档水印等。

3. 数据筛选与排序

通过数据筛选与排序功能实现单元格的筛选、升序/降序排列、区域权限、重新计算、点名、名单管理等功能。

4. 查找与替换

通过查找与替换功能实现单元格的查找与替换、冻结单元格、高亮查询、定位单元格等功能。

第三步　员工信息表的导出

将第二步中创建的员工信息表通过分享功能分享给本部门所有员工，同时可以对文档分享进行设置，便如，设置分享链接的有效期为永久有效、30 天有效、7 天有效，设置文档水印等，如图 5-1-6 所示。

当部门所有员工单击分享链接，完成员工信息表的填写时，可以单击右上角的三按钮，选

5-1-4　操作视频

择下载或者导出员工信息表，如图 5-1-7 所示。

图 5-1-6　分享设置

图 5-1-7　员工信息表的导出

 **任务评价**

　　根据学习任务的完成情况，对照"观察点"列举的内容进行自评或互评。"观察点"内容可视实际情况在老师引导下拓展。

观察点	☺	😐	☹
对金山文档进行命名			
按照要求对金山文档进行在线编辑			
对金山文档进行分享设置			
金山文档的正确下载			

 **知识盘点**

　　本任务主要介绍了云文档的基础知识，包括金山文档的创建、金山文档的在线编辑、金

山文档的导出，通过本任务的学习，同学们可以掌握云文档在线协作的方法，提升办公效率。

①金山文档的安全设置。

在电脑端打开员工信息表，单击"协作"，可以设置列权限、区域权限以及文档加密，如图5-1-8所示，通过安全设置，提高文档数据的安全性。

工号	姓名	出生日期	性别	学历	工作年限	联系方式
1440	曹玉玉	1986-12-01	男	大学本科	14	1******0231
1441	曾慧茹	1990-04-02	女	研究生	8	1******0043
1442	高鹏	1989-10-23	男	研究生	9	1******2936
1443	刘宇宁	1978-07-08	男	大学本科	20	1******1527
1444	潘一博	1991-09-16	男	研究生	5	1******2195
1445	齐天明	1992-03-26	男	研究生	6	1******1019
1446	王全全	1994-09-02	男	研究生	4	1******2129
1447	殷莉	1980-03-01	女	大学本科	19	1******1425
1448	田姿	1984-06-02	女	大学本科	16	1******7023
1449	王威	1988-08-25	男	研究生	10	1******8120
1450	聂伟辰	1996-03-17	男	研究生	2	1******2020
1451	孙乐天	1997-01-27	男	研究生	1	1******2051
1452	宋学之	1987-02-12	男	研究生	11	1******6238
1453	孙梵	1992-05-18	男	研究生	6	1******6681
1454	李志伟	1991-03-12	男	研究生	7	1******0533
1455	张勇	1975-08-23	男	大学本科	25	1******0432
1456	李乐乐	1979-04-03	女	大学本科	21	1******7786
1457	周新超	1995-12-05	男	研究生	3	1******7676
1458	王之聪	1988-10-27	男	研究生	10	1******4230
1459	李可豪	1995-12-04	男	研究生	3	1******5502
1460	郁瑞可	1991-05-22	男	研究生	7	1******0341

图5-1-8　员工信息表的安全设置

②使用模板创建员工信息统计表，并完成员工信息统计和加密设置。

任务2　使用云会议召开线上会议

知识目标

1. 了解云会议的概念；
2. 掌握腾讯会议的主要功能；
3. 掌握腾讯会议的基本设置。

能力目标

1. 会下载、安装腾讯会议；

2. 会对腾讯会议进行预定、分享；

3. 会对腾讯会议进行功能设置。

素养目标

1. 熟悉云会议的概念，培养良好的人际沟通能力和团队合作精神；

2. 熟练掌握腾讯会议的使用方法，树立正确的职业理想，培养较强的责任心。

情境导入

部门主管临时通知今天要召开紧急会议，需要全员参加，但是部门有几位员工在外地出差，不能赶回参加会议，正在部门主管犯愁时，小程提出可以通过云会议形式召开会议，部门主管欣然同意，让小程负责本次云会议的组织。下面让我们跟着小程学习如何组织召开云会议吧。

知识准备

1. 云会议概念

云会议是基于云计算技术的一种高效、便捷、低成本的会议形式。使用者只需要通过互联网界面，进行简单易用的操作，便可快速、高效地与全球各地团队及客户同步分享语音、数据文件及视频，而会议中数据的传输、处理等复杂技术由云会议服务商帮助使用者进行操作。

由于会议市场规模快速增长，越来越多的企业进入该领域，市场竞争日趋激烈。云计算的出现，为会议市场提供了新的机遇，不少企业正不断推出基于云计算的会议系统产品。无论身在何处，只需要通过手机或轻点鼠标即可通过即时语音进行电话会议，与远在千里之外的同事开一场快捷、低碳环保的会议。这种会议方式既提高了企业的工作效率，又为企业节省了一大笔沟通和出行成本。云会议的兴起或将改写远程会议多年来一成不变的新格局。

2. 常用的云会议

（1）腾讯会议

腾讯会议是腾讯云旗下的一款音视频会议软件，于 2019 年 12 月底上线。2020 年 1 月 24 日起，腾讯会议面向用户免费开放 300 人的会议协同能力，3 月 23 日，腾讯会议开放 API 接口。2022 年 6 月 30 日，腾讯会议应用市场正式上线。

腾讯会议具有 300 人在线会议、全平台一键接入、音视频智能降噪、美颜、背景虚化、锁定会议、屏幕水印等功能。该软件提供实时共享屏幕、支持在线文档协作。为了满足用户日益增长的云上办公需求，腾讯会议也不断对重点功能和服务升级。

（2）钉钉视频会议

钉钉会议（DingTalk Meeting）是基于阿里集团多年视频会议应用经验，为企业客户提供高清流畅、简单易用、安全可靠的云会议服务，具备优异的音视频性能、丰富的会议协作能力、全球覆盖的网络节点，参会人员可以通过手机、Pad、电脑、智能硬件等设备接入，随时随地一起开会。

（3）飞书会议

飞书会议是飞书旗下高效、创新、安全的视频会议协作平台，支持100方同时在线会议，稳定的音视频质量、简洁的操作界面和强大的屏幕共享功能，为用户提供了高效流畅的会议体验。飞书会议实现了全流程全链路加密，是企业用户安全可靠的选择。飞书会议不仅仅是一款视频沟通工具，更是一款面向未来的生产力工具。

（4）华为会议

华为会议是华为云推出的一款智能会议解决方案，提供了多种会议功能和服务，包括视频会议、音频会议、会议录制、会议投屏等。通过华为会议，用户可以在任何时间、任何地点，以高效、流畅、安全的方式参加会议，提高工作效率和团队协作能力。

📝 任务分析

小程查询了关于云会议的相关资料，决定使用腾讯会议作为本次云会议的会议软件。为了圆满完成任务，小程下载并安装腾讯会议、预定会议、会议分享、组织签到。让我们跟着小程完成一次云会议的召开。

💧 任务实施

5-2-1 操作视频

第一步　腾讯会议的下载与安装

登录腾讯会议官方网站 https://meeting.tencent.com，单击"立即下载"按钮进入下载中心，选择相应的操作系统与移动终端进行下载，如图5-2-1所示。下载完成后，双击腾讯会议图标，选择合适的安装位置进行安装，如图5-2-2所示。

第二步　腾讯会议的预定和分享

（1）登录腾讯会议

腾讯会议除了通过微信方式登录外，还提供了手机号、企业微信、SSO和邮箱等登录方式。选择微信登录后，会提示使用微信扫码登录。

（2）预定会议

预定会议功能可以设置会议主题、开设时间、时长、安全设置、静音、录制等内容，如图 5-2-3 所示。

图 5-2-1　腾讯会议下载

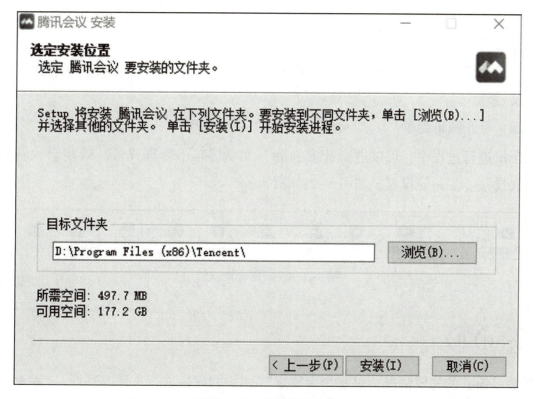

图 5-2-2　腾讯会议安装

图 5-2-3　预定会议

（3）会议分享

预定腾讯会议完成后，会生成会议链接和会议号，可以单击链接入会或者直接输入会议号参加会议。

第三步　召开腾讯会议

腾讯会议进行过程中，可以进行开启视频、共享屏幕、管理成员、录制会议视频、分组讨论、发起投票、签到等设置，如图 5-2-4 所示。

图 5-2-4　腾讯会议设置

 任 务 评 价

根据学习任务的完成情况，对照"观察点"列举的内容进行自评或互评。"观察点"内容

可视实际情况在老师引导下拓展。

观察点	☺	😐	☹
设置会议主题、时间			
设置共享屏幕			
管理成员			
录制会议视频			

知识盘点

　　本任务主要介绍了如何使用腾讯会议开启云会议，通过本任务的学习，在以后的工作中，可以极大地提高团队成员之间沟通的便利性和沟通的效率，进而有效提高工作效率。

技能拓展

　　①召开班级腾讯会议。

　　组织一次班级内部腾讯会议，设置会议主题为"防溺水安全教育"，会议时长为 30 分钟，入会密码为"admin"。

　　②召开班委钉钉会议。

　　组织一次班委钉钉会议，设置会议主题为"第九周班委会"，会议时长为 20 分钟，参与人员为班委，录制全程会议。

理论延伸

一、单选题

1. 下面关于云文档的说法中，错误的是（　　）。

A. 云文档是 WPS 为用户提供的硬盘文档存储服务

B. 用户可以将文档保存在其中，跨设备无缝同步和访问

C. 开启文档云同步后，可在所有登录同一账号的设备上无缝同步和访问打开过的文档

D. 云文档可以通过链接的形式分享给其他用户

2. 下列关于 WPS 云办公服务的说法，错误的是（　　）。

A. 可以实现文档的安全管理

B. 可以让电子文档实现同步更新，但必须是同一个终端

C. 可以实现多人实时在线协作编辑

D. 可以打破终端、时间、地理和文档处理环节的限制

3. 不属于腾讯会议基本功能的是（　　）。

A. 高清音视频通话　　　　　　　　B. 屏幕共享

C. 多人会议　　　　　　　　　　　D. 不支持会议记录回放

4. 下列关于 WPS 云会议的说法，错误的是（　　）。

A. 会议发起人可以在需要时锁定会议

B. 会议发起人可以将他人移出会议

C. 只有会议发起人可以演示文档

D. 可以通过二维码方式邀请他人加入会议

5. 下列关于 WPS 协调编辑的说法，错误的是（　　）。

A. 多人可以同时编辑同一文档

B. 只有协同编辑发起人可以查看当前文档的在线协作人员

C. 参与人可以随时收到更新的消息通知

D. 参与人可以随时查看文档的协作记录

二、填空题

1. 金山文档的在线编辑功能包括＿＿＿＿、＿＿＿＿、数据筛选与排序、查找与替换功能。

2. 腾讯会议的预定会议功能可以设置＿＿＿＿、＿＿＿＿、＿＿＿＿、安全设置、静音、录制等内容。

模块 6　认识办公设备

模块导读

　　"工欲善其事，必先利其器"，信息化时代，电脑、打印机、路由器等办公设备在现代办公中不可或缺，办公设备不仅要配备齐全，保持良好的性能，对于办公人员来说，能够熟练使用办公设备来提高工作效率，为高质量、高效率的管理、控制和决策提供技术支撑更为重要。办公自动化，可以达到最大限度地提高工作质量、工作效率和改善工作环境的目的。

　　本模块重点介绍打印机、路由器、扫描仪和投影仪等常见的办公设备。

本模块任务一览表

任务	关联的知识、技能点	建议课时	备注
任务 1　认识打印机	打印机的定义、打印机的分类、打印机的原理、打印机的性能指标、打印机的安装与网络配置	2	每个任务都可通过扫描二维码获得视频解说，含详细的操作步骤及重难点的讲解
任务 2　认识路由器	路由器的定义、路由器的分类、路由器的原理、路由器的性能指标、路由器的安装与网络配置	2	
任务 3　认识其他办公设备	扫描仪和投影仪的定义、使用	2	

任务1　认识打印机

知识目标

1. 了解打印机的种类、特点、性能指标和操作方法；

2. 掌握打印机的正确使用方法。

能力目标

1. 能够识别不同种类的打印机；

2. 能够使用不同种类的打印机。

素养目标

1. 增强对打印机在日常生活和工作中的重要性的认知；

2. 增强对计算机外设的认识和关注度；

3. 培养严谨的科学态度和良好的学习习惯；

4. 增强学生对国产打印机品牌的认知，树立强国意识。

情境导入

部门主管安排小程协助采购一台打印机用于办公室共享，面对数量众多的品牌及功能，她将如何进行选择并完成打印机的设置呢？让我们一起看看小程是怎么做的吧。

知识准备

1. 打印机

打印机是计算机常见的外部设备之一，也是计算机系统中除显示器之外的另一种重要的输出设备。打印机的主要任务是接收主机传送的信息，并根据主机的要求将各种文字、图形、信息通过打印头或打印装置打印到纸上。其是将计算机的运算结果或中间结果以人所能识别的数字、字母、符号和图形等，依照规定的格式印在纸上的设备。

2. 打印机的分类

（1）针式打印机

针式打印机是典型的击打式打印机，如今虽然已经逐渐退出家用打印机的市场，但依然应用在银行、学校等办公场所，如图6-1-1所示。其工作原理是在打印头移动的过程中，通过色带将字符打印在对应位置的纸张上。

（2）喷墨打印机

喷墨打印机的工作原理并不复杂，就是通过将细微的墨水颗粒喷射到打印纸上而形成图形，如图 6-1-2 所示。按照工作方式的不同，它可以分为两类：一类是气泡式，另一类是微压电式。目前就整个彩色输出打印机市场而言，喷墨打印机依靠出色的性价比，依然占据一席之地。

图 6-1-1 针式打印机

（3）激光打印机

激光打印机的工作原理是：当调制激光束在硒鼓上进行横向扫描时，使鼓面感光，从而带上负电荷，当鼓面经过带正电的墨粉时，感光部分吸附上墨粉，然后将墨粉印到纸上，纸上的墨粉经加热熔化形成文字或图像。不难看出，它是通过电子成像技术完成打印的，如图 6-1-3 所示。激光打印机分为黑白激光打印机和彩色激光打印机两大类。

图 6-1-2 喷墨打印机

图 6-1-3 激光打印机

3. 打印机的原理

针式打印机的工作原理：主机发送的数据，经过打印机输入接口电路处理后送至打印机的主控电路，在控制程序的控制下，产生字符或图形的编码，驱动打印头打印一列的点阵图形，同时字车横向运动，产生列间距或字间距，再打印下一列，逐列进行打印；一行打印完毕后，启动走纸机构进纸，产生行距，同时打印头回车换行，打印下一行；上述过程反复进行，直到打印完毕。针式打印机之所以得名，关键在于其打印头的结构。打印头的结构比较复杂，大致说来，可分为打印针、驱动线圈、定位器、激励盘等。简单地说，打印头的工作过程是：当打印头从驱动电路获得一个电流脉冲时，电磁铁的驱动线圈就产生磁场吸引打印针衔铁，带动打印针击打色带，在打印纸上打出一个点的图形。因直接执行打印功能的是打印针，所以这类打印机被称为针式打印机。

喷墨打印机的工作原理基本与针式打印机相同，这两者的本质区别就在于打印头的结构。喷墨打印机的打印头，由成百上千个直径极其微小（约几微米）的墨水通道组成，这些通道的数量，也就是喷墨打印机的喷孔数量，直接决定了喷墨打印机的打印精度。每个通道内部都附着能产生振动或热量的执行单元。当打印头的控制电路接收到驱动信号后，即驱动这些执行单元产生振动，将通道内的墨水挤压喷出；或产生高温，加热通道内的墨水，产生气泡，将墨水喷出喷孔；喷出的墨水到达打印纸，即产生图形。这就是压电式和气泡式喷墨打印头的基本原理。

激光打印机的原理：当计算机主机向打印机发送数据时，打印机首先将接收到的数据暂存在缓存中，当接收到一段完整的数据后，再发送给打印机的处理器，处理器将这些数据组织成可以驱动打印引擎动作的信号流。对于激光打印机而言，这个信号流就是驱动激光头工作的一组脉冲信号。激光打印机的核心技术就是所谓的电子成像技术，这种技术结合了影像学与电子学的原理和技术以生成图像，核心部件是一个可以感光的硒鼓。激光发射器所发射的激光照射在一个棱柱体反射镜上，随着反射镜的转动，光线从硒鼓的一端到另一端依次扫过（中途有各种聚焦透镜，使扫描到硒鼓表面的光点非常小），硒鼓以 1/300 英寸或 1/600 英寸的步幅转动，扫描又在接下来的一行进行。硒鼓是一个表面涂覆了有机材料的圆筒，预先带有电荷，当有光线照射时，受到照射的部位会发生电阻的变化。计算机发送来的数据信号控制着激光的发射，扫描在硒鼓表面的光线不断变化，有的地方受到照射，电阻变小，电荷消失，也有的地方没有光线射到，仍保留有电荷，最终，硒鼓表面就形成了由电荷组成的潜影。

4. 打印机的性能指标

衡量一台打印机性能好坏的指标有以下几种：

（1）分辨率

分辨率是打印机的另一个重要的性能指标，单位是 dpi（Dots Per Inch），即点/英寸，表示每英寸所打印的点数。分辨率越大，打印精确度越高。当前普通喷墨打印机的分辨率都在 4 800 dpi×1 200 dpi 以上，普通激光打印机的分辨率均在600 dpi×600 dpi 以上。

（2）打印速度

打印机的打印速度是以每分钟打印多少页纸（PPM）来衡量的。打印速度在打印图像和文字时是有区别的，而且还和打印时的分辨率有关，分辨率越高，打印速度就越慢。所以，衡量打印机的打印速度要进行综合评定。

（3）首页打印时间

首页打印时间英文称为 First Print Out，简称为 FPOT。首页打印指的是在打印机接收到执行打印命令后，多长时间可以打印输出第一页内容。一般来讲，激光打印机在 15 s 内都可以完成首页的打印工作。打印的页数越少，首页打印时间在整个打印完成时间中所占的比重就越大。

（4）数据缓存容量

打印机在打印时，先将要打印的信息存储到数据缓存中，然后进行后台打印或称脱机打印。如果数据缓存的容量大，则存储的数据就多，所以数据缓存对打印速度的影响很大。

（5）墨盒数量

墨盒数量的多少意味着打印机颜色精确度的高低。现在彩色喷墨打印机的墨盒数量有四色、五色、六色和八色等，四色墨水的颜色为品红、黑色、蓝色、黄色，五色墨水的颜色为黑色、蓝色、黄色、品红、黑色相片，四色墨盒和五色墨盒都是现在的主流墨盒。当然，墨盒数量越多，打印效果越好，但是价格也越高。

（6）使用寿命和月打印负荷

使用寿命指的是激光打印机硒鼓可以打印的纸张数量。可打印的纸张量越大，使用寿命越长。打印机的打印能力指的是打印机所能负担的最高打印限度，一般设定为每月最多打印多少页，即月打印负荷。如果经常超过最大打印数量，打印机的使用寿命会大大缩短。一般激光打印机的硒鼓寿命都能达到 1 500 页以上，月打印负荷能达到 5 000 页以上。

（7）技术支持、售后服务

即厂家对产品的承诺，包括保修期的时间、驱动程序的更新下载网址等方面。

📝 任务分析

小程根据部门实际情况，经过分析，确定所需打印机的要求如下：

①部门采购打印机作为办公室普通办公用途，考虑性价比、便于维护等因素，应采购激光打印机。

②考虑到部门采购打印机有时会打印合同等重要文件，需保证较高的打印清晰度。

③考虑到高效办公，所采购打印机应有较快的打印速度及数据缓存容量。

④考虑到维护成本，应采购硒鼓寿命、月打印负荷较高的打印机。

⑤考虑到部门员工共用打印机，应采购具有无线打印功能的打印机。

🔧 任务实施

第一步　产品调研

对市面上常见的打印机进行调研，初选兄弟、惠普、华为三款激光打印机。

第二步　性能对比

对初选的三款打印机进行横向的性能对比，见表6-1-1。

表 6-1-1　打印机主要性能参数对比

性能	兄弟 B7520DW	惠普 1005w	华为 PixLab X1
分辨率/（dpi×dpi）	1 200×1 200	600×600	1 200×600
打印速度/（页·min^{-1}）	16	24	28
首页打印时间/s	<8.5	7.6	<8.5
数据缓存容量/MB	128	64	512
硒鼓寿命/页	12 000	20 000	15 000
月打印负荷/页	15 000	12 000	20 000
无线打印	能	能	能

第三步　分析需求，采购打印机

根据性能对比，考虑部门实际需求，拟选择华为 PixLab X1 作为部门的打印机。

第四步　安装打印机并配置网络

1. 安装打印机（以华为 PixLab X1 打印机为例）

①移除胶带：移除外包装袋和所有橙色胶带，如图 6-1-4 所示。

6-1-1　操作视频

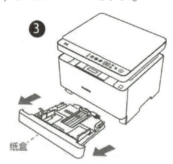

图 6-1-4　移除胶带

②放置位置和预留空间：将打印机放在阴凉通风处，尽量靠近路由器，水平稳固放置，以确保可稳定接收 Wi-Fi 信号。打印机背后需预留 10 cm 以上空间，如图 6-1-5 所示。

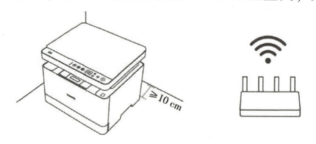

图 6-1-5　放置位置和预留空间

③装入纸张：将纸盒完全拉出，捏住纸盒后端固定手柄向后拉，平整放入纸张（注意，不要超过装纸上限）；捏住后端和左边挡板进行调整，以固定纸张；将纸盒装回打印机，如图 6-1-6 所示。

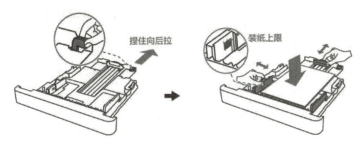

图 6-1-6　装入纸张

④开机：连接电源线，打开电源开关，如图 6-1-7 所示。

图 6-1-7　开机

2. 为打印机配置网络

①电脑连接路由器 Wi-Fi，或使用网线连接路由器，使用随附的 USB 线缆连接电脑和打印机，如图 6-1-8 所示。

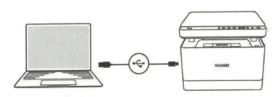

图 6-1-8　连接电脑和打印机

②打开电脑浏览器，访问打印机服务支持官网，找到驱动下载或驱动列表版块，根据电脑系统，下载名为"华为打印（激光）_×××"的客户端安装程序压缩包。若电脑无法访问互联网，可提前下载华为打印客户端至 U 盘中，再将客户端复制到待配网的电脑中，如图 6-1-9 所示。

图 6-1-9　下载打印机驱动程序

③将下载的压缩包解压至电脑文件夹，双击华为打印客户端安装程序。

Windows 电脑：安装包解压后生成一个文件夹，进入安装文件夹后再解压一次，双击文件类型为应用程序（.exe）的文件，例如 PixLab_Series for Windows v1.122.exe，打开华为打印客户端安装程序，在授权应用对设备进行更改的弹窗中单击"是"按钮。

macOS 电脑：安装包解压后，双击文件类型为应用程序的文件，例如华为 PixLab 系列，打开华为打印客户端安装程序。

Linux 电脑：安装包解压后，双击文件类型为 .sh 的文件，例如 install.sh，选择在终端中运行，在终端窗口中输入电脑登录账户和密码后，打开华为打印客户端安装程序。Linux 电脑操作以 Ubuntu 系统为例，Red Hat 系统界面可能略有不同，请以实际情况为准。

④在选择连接打印机的方式并安装华为打印机的界面中，阅读并勾选"同意华为打印应用用户协议"，选择"通过 USB 连接"，如图 6-1-10 所示。

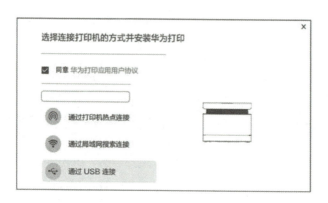

图 6-1-10　选择连接打印机的方式

⑤确认打印机要连接路由器的 Wi-Fi 名称和密码，单击"下一步"按钮，如图 6-1-11 所示。

图 6-1-11　打印机网络配置

⑥待界面提示安装成功后，单击"完成"按钮。此时电脑桌面上将出现名为 PixLab 系列_华为打印的华为打印客户端，如图 6-1-12 所示。

图 6-1-12　完成安装

⑦配网成功后，将打印机共享给更多电脑使用。

根据学习任务的完成情况，对照"观察点"列举的内容进行自评或互评。"观察点"内容可视实际情况在老师引导下拓展。

观察点	☺	😐	☹
打印机的定义			
打印机的分类			
打印机的原理			
打印机的性能指标			
打印机的安装与网络配置			

本任务围绕打印机的选购，主要介绍了打印机的定义、打印机的分类、打印机的原理、打印机的性能指标、打印机的安装与网络配置的相关知识。通过本任务，可以了解打印机的分类，掌握不同打印机的原理及应用场景，能够通过分析不同打印机的性能指标挑选最适合某一场景的打印机，能够安装打印机并为之配置网络。

技 能 拓 展

安装喷墨打印机（以华为 HUAWEI PixLab V1 打印机为例）的步骤如下。

6-1-2　操作视频

①拆除包装后，检查随机附件（图 6-1-13、表 6-1-2）。

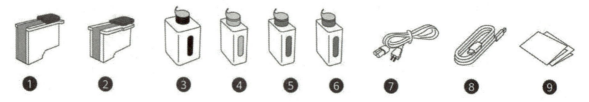

图 6-1-13　喷墨打印机随机附件图例

表 6-1-2　喷墨打印机附随物品表

选项	物品	选项	物品
1	黑色喷头	2	彩色喷头
3	黑色墨水瓶	4	黄色墨水瓶
5	品红色墨水瓶	6	青色墨水瓶
7	电源线	8	USB 线缆
9	手册		

②移除包装材料。

移除机身外部的保护胶带（请留意机身前后均有胶带），如图 6-1-14 所示。

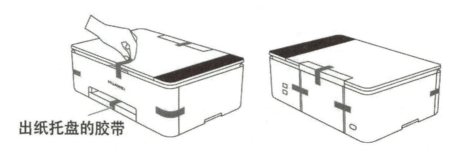

出纸托盘的胶带

图 6-1-14　移除包装材料

打开扫描盖板后，从前侧扣手位处向前打开前盖，移除内部的保护泡棉后，再移除出纸托盘处的保护胶带，如图 6-1-15 所示。

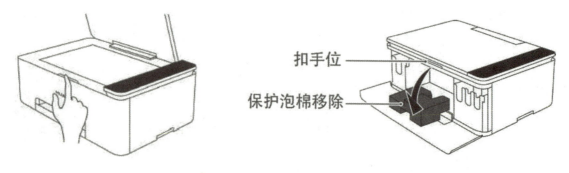

扣手位
保护泡棉移除

图 6-1-15　移除保护泡棉及保护胶带

③安装喷头。

手握喷头两侧（注意，不要碰触喷头前侧金属芯片部位和底部喷孔），移除上面的橡胶塞和拉条标贴，如图 6-1-16 所示。

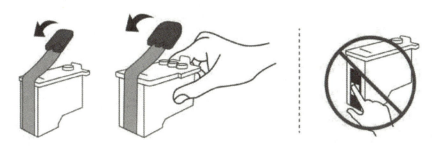

图 6-1-16　移除喷头上的橡胶塞和拉条标贴

在打印机内部找到喷头插槽，确认插槽的上盖已打开。若未打开，请向上适当用力打开，听到"咔哒"声，表示上盖已打开，如图 6-1-17 所示。

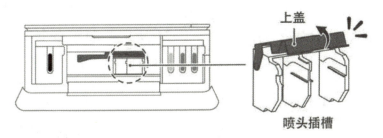

图 6-1-17　打开喷头插槽上盖

沿左边插槽轨道，将黑色喷头水平向里推到底，直至推不动，确保喷头安装到位。沿右边插槽轨道，将彩色喷头水平向里推到底，直至推不动，确保喷头安装到位，如图 6-1-18 所示。

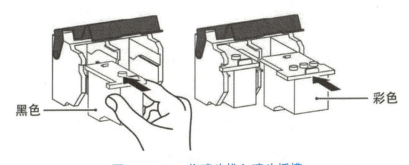

图 6-1-18　将喷头推入喷头插槽

向下适当用力关闭喷头插槽上盖，听到"咔哒"声，确认上盖已完全关闭（若关闭不到位，打印机会报 D3 错误码）。完成喷头安装，关闭上盖后，不要打开上盖，以免造成打印机故障，如图 6-1-19 所示。

图 6-1-19　关闭喷头插槽上盖

④安装墨水瓶。

移除墨水瓶顶部标贴（请勿拧瓶盖）。建议在安装/拆卸墨水瓶、喷头时戴一副橡胶手套，可有效避免墨水滴漏弄脏手的问题。注意，墨水瓶不能装错，否则可能会引起打印机故障，如图 6-1-10 所示。

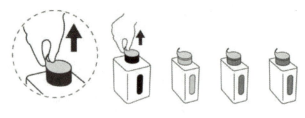

图 6-1-20　移除墨水瓶顶部标贴

打开墨水匣，墨水瓶瓶口朝下，按照图 6-1-21 所示的顺序完全装入墨水匣。听到"咔哒"声，表示墨水瓶已装好，将墨水匣关闭，然后将打印机的前盖关闭。

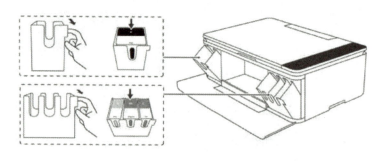

图 6-1-21　将墨水瓶装入墨水匣

⑤装纸。

从背后拉出进纸托盘，并向后倾斜放置。从底部拉出出纸托盘，翻开上面的挡板，如图 6-1-22 所示。

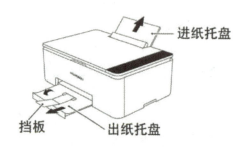

图 6-1-22　拉出进纸托盘与出纸托盘

将纸张放入进纸托盘（若是相片纸，请将光面朝向自己；若是已打印/复印过的纸张，请将空白面朝向自己），翻开进纸防尘盖，找到下方左侧的蓝色卡板，捏住它左右调整，将纸固定，如图6-1-23所示。

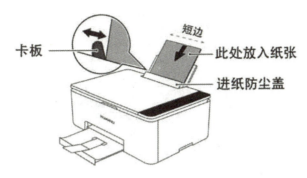

图6-1-23 将纸张放入进纸托盘

⑥连接电源与校准喷头。

a. 将电源线接入背后的电源接口，短按电源键开机。稍等片刻，待数字键显示01，打印机自动打印出校准指引页，参照指引页或下文进行校准，如图6-1-24所示。

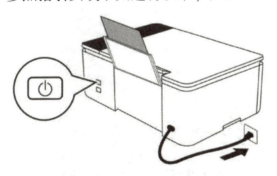

图6-1-24 连接打印机电源

b. 按亮喷头校准键 ◉ 后，按开始键 ▶，开始键闪烁，数字键绕圈闪烁 ⌐ ⌐，打印机将自动打出校准页，请稍等片刻。若开机后，开始键红色闪烁，数字键显示C7或C8，表示黑色或彩色喷头未安装好。长按电源键3 s以上关机，再短按电源键开机，查看问题是否解决。若仍未解决，打开前盖，短按取消键 ✕，待喷头插槽移动到中间时，打开插槽上盖，重新插拔喷头，关闭插槽上盖和打印机前盖，查看问题是否解决，如图6-1-25所示。

图6-1-25 校准喷头

c. 校准页打出后，打开扫描盖板，将校准页标题朝左，内容面朝下，对齐扫描区左上角箭头处放入扫描区，盖上盖板，如图 6-1-26 所示。

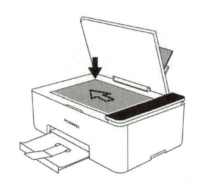

图 6-1-26　放置校准页

d. 按开始键，开始键闪烁，数字键绕圈闪烁，打印机开始扫描校准页，并进行自动校准，请稍等片刻，如图 6-1-27 所示。

图 6-1-27　打印机自动校准

e. 数字键显示 01，表示校准成功。此时已完成打印机安装，可以进行连接、配网等其他操作。请记得将校准页从扫描区取出。若数字键显示 E6，表示校准失败。可以按开始键重新打印校准页，校准页打出后，重复 c、d 步骤；也可以按取消键退出校准流程，打印机进入工作状态，若未完成校准，打印内容有可能出现歪斜或重影现象。如图 6-1-28 所示。

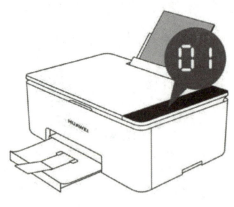

图 6-1-28　校准成功

任务 2　认识路由器

情境导入

　　小程所在的网络科技公司，随着公司规模的扩大，新增了一处办公场所。今天部门主管安排她协助采购一台路由器用于新办公场地的网络搭建，她将如何进行选择并完成新办公地点网络的搭建呢？

知识准备

1. 什么是路由器

　　路由器（Router）是连接两个或多个网络的硬件设备，在网络间起网关的作用，是读取每一个数据包中的地址，然后决定如何传送的专用智能性的网络设备，如图 6-2-1 所示。它能够理解不同的协议，例如某个局域网使用的以太网协议、因特网使用的 TCP/IP 协议。这样，路由器可以分析各种不同类型网络传来的数据包的目的地址，把非 TCP/IP 网络的地址转换成TCP/IP 地址，或者反之；再根据选定的路由算法把各数据包按最佳路线传送到指定位置。所以路由器可以把非 TCP/IP 网络连接到因特网上。

图 6-2-1　路由器

2. 路由器的分类

（1）按性能划分

路由器可以按性能划分为高端、中端和低端路由器。高端路由器适用于大型企业和网络运营商，中端路由器适用于中小型企业，低端路由器适用于家庭用户。

（2）按结构划分

路由器可以按结构划分为模块化路由器和固定配置路由器。模块化路由器可以根据需要进行灵活配置，而固定配置路由器则具有固定的硬件配置和功能。

（3）按应用划分

路由器可以按应用划分为局域网路由器和广域网路由器。局域网路由器适用于连接多个局域网，广域网路由器适用于连接互联网或远程网络。

3. 路由器的性能指标

（1）背板带宽

背板带宽是衡量路由器背板能力的重要指标，它决定了路由器的数据传输速度。

（2）吞吐量

吞吐量是衡量路由器处理数据能力的重要指标，它是指在单位时间内成功传输的数据量。

（3）延迟

延迟是衡量路由器处理数据延迟时间的重要指标，它是指从数据包发出到接收到响应所用的时间。

（4）背单台延迟

背单台延迟是衡量路由器处理单个数据包能力的重要指标，它是指在单位时间内单个数据包从发出到接收所用的时间。

（5）并发会话数

并发会话数是衡量路由器同时处理多个连接能力的重要指标，它是指在单位时间内同时处理的会话数量。

任务分析

小程根据部门实际情况，分析所需路由器的要求如下：

①考虑到公司对网络的稳定性要求较高，所以信号稳定是路由器使用时的最基本要求。

②考虑到新增办公场所的面积比较大，需要一个覆盖面积比较广的无线路由器，这样才能保证整个办公室的网络覆盖，所以覆盖面积也是路由器的一个重要考虑因素。一般而言，办公场所面积在 100 m² 以下可以选择单频段的无线路由器，而 100 m² 以上的则可以选择双频段的无线路由器。

③考虑到公司经常需要传输大量的数据，那么就需要一个传输速率比较高的无线路由器，所以传输速率也是需要考虑的一个因素。一般来说，现在市面上的无线路由器传输速率如果已经达到了千兆级别，就可以满足需求。

④考虑到不同品牌的无线路由器价格差异很大，但价格高的产品性价比不一定高，所以价格也是需要考虑的一个因素。目前，一些国产品牌的无线路由器在性能和使用体验上并不逊色于国外品牌，价格却要低很多。

任务实施

操作步骤：

第一步 产品调研

对市面上常见的路由器进行调研，收集调查问卷，整理用户反馈。

第二步 性能对比

对调查结果进行横向的对比，分析不同路由器性能差异及最佳使用场景。

1. 华为（HUAWEI）

华为路由器产品拥有强大的信号覆盖能力和高速的传输速度，在家庭和办公室中都非常实用。同时，华为路由器还具有智能化的管理功能，可以通过华为智能家居 App 进行远程管理，非常适合需要远程办公和学习的用户。

2. 小米（MI）

小米的路由器产品具备出色的性价比，价格实惠，同时还拥有强大的信号覆盖和传输速度。此外，小米的路由器还支持智能家居控制，可以与小米智能家居设备实现互联互通，让用户的智能家居生活更加便捷和舒适。

3. 普联（TP-LINK）

拥有稳定的信号连接和快速的传输速度，同时还有多重安全保护机制，可以保障用户的网络安全。此外，普联的路由器还支持多种连接方式，比如 4G 网络连接、双频 Wi-Fi 等，可以满足用户的不同需求。

4. Linksys

Linksys 是无线路由器领域的知名品牌，其产品性能稳定可靠，覆盖范围广泛，适合大户型用户使用。

5. ASUS

ASUS 是知名的电脑厂商，其无线路由器产品线也比较丰富，覆盖各个价位和性能需求。其中，RT-AC86U 和 RT-AX86U 都是性能强劲的无线路由器。

6. NETGEAR

NETGEAR 是一家专注于网络设备的厂商，其无线路由器产品线比较丰富，覆盖各个价位和性能需求。其中，Orbi 系列无线路由器受到很多用户的青睐。

7. FAST

FAST 是深圳市迅捷通信技术有限公司旗下通信品牌，其无线路由器产品线比较丰富，覆盖各个价位和性能需求。其中，FAST FAST150 和 FAST FAST300 都是性能不错的无线路由器。

8. 腾达（Tenda）

腾达路由器以优异的性价比和易用性而受到用户的好评。腾达的路由器采用了先进的技术，例如 MU-MIMO、Beamforming 等，可提供更快的速度和更稳定的连接。其路由器还支持智能管理功能，方便用户轻松管理网络设置。此外，腾达的路由器还具有强大的安全功能，确保用户的隐私和数据安全。

9. 锐捷（Ruijie）

锐捷路由器采用了最新的 AC Wave2 技术，可提供更高的网络速度和更广阔的网络覆盖范围。其路由器还支持多种安全功能，例如 VPN、IPSec 等，可以保护用户的隐私和数据安全。同时，锐捷的路由器还支持智能管理功能，方便用户轻松管理网络设置。

第三步　分析需求，采购路由器

根据性能对比，考虑部门实际需求，拟选择华为荣耀路由 X3 Pro 作为最符合部门办公要求的路由器。

第四步　安装路由器并配置网络

1. 安装路由器（以华为荣耀路由 X3 Pro 为例）

用网线将路由器的 WAN 口连接到上行网络（如宽带猫/光猫的 LAN 口、入户网口等）。路由器网口若有"WAN/LAN"字样标识，说明为具有 WAN/LAN 自适应功能的网口，支持盲插，此时网线可插入任意一个此种网口。若没有"WAN/LAN"标识，则上行网络的网线只能插入路由的 WAN 口。

6-2-1　操作视频

WAN/LAN 自适应网口（图 6-2-2）：

图 6-2-2　WAN/LAN 自适应网口

单独 WAN 口（图 6-2-3）：

图 6-2-3　单独 WAN 口

连接图示（图 6-2-4）：

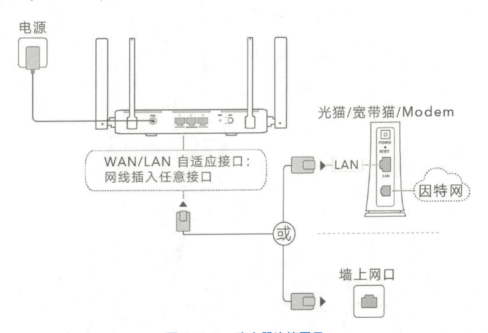

图 6-2-4　路由器连接图示

2. 为打印机配置网络

①将手机/平板/电脑连接到路由器默认的 Wi-Fi（Wi-Fi 名称查看路由器底部，无密码），如图 6-2-5 所示。

图 6-2-5　路由器底部 Wi-Fi 名称显示位置

②打开手机/平板/电脑浏览器，页面自动跳转（若未跳转，请在地址栏中输入"192.168.3.1"）至路由器的配置界面，阅读并勾选相关协议后，单击"马上体验"按钮。

③初始化路由器。

如果是首次使用这台路由器（或者这台路由器被恢复了出厂设置），则在进入管理员界面前，需要先对路由器的部分设置进行初始化。如果这台路由器之前已经使用过，且没有被恢复出厂设置，则无须再次初始化，可以直接跳转到后续步骤。

④配置上网信息。

等待上网向导结束后，选择手动配置网络，如图 6-2-6 所示。

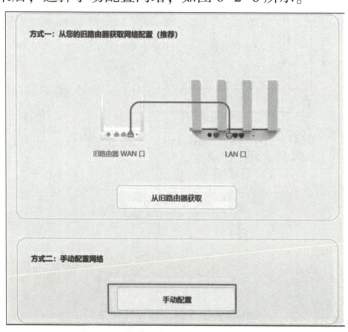

图 6-2-6　选择手动配置网络

选择静态 IP，并按照图 6-2-7 填入信息。这里只是一个临时的配置，目的是让我们顺利进入管理员界面并查看 WAN 口 MAC 地址，以便进行开网申请。（事实上，在这里填入任意合法的信息均可。）

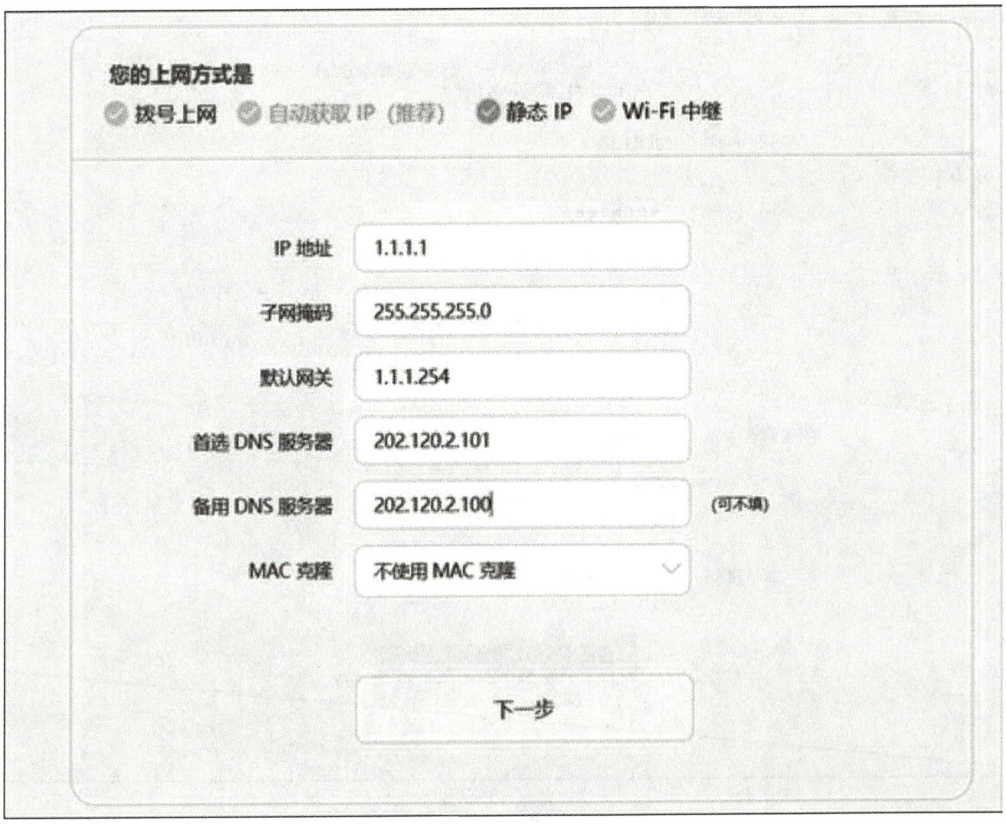

图 6-2-7　配置上网信息

⑤设置 Wi-Fi 名称和密码。

之后出现上网向导界面（图 6-2-8），在此处设置路由器的名称和密码，以及管理员界面的登录密码。请妥善设置并记录。

配置完成后，观察路由器指示灯是否从红色常亮状态变为蓝/绿/白色常亮的已连网状态，不同型号路由器的指示灯颜色可能不同，以华为路由 X3 Pro 为例：

- 若指示灯变为绿色常亮，说明路由器已成功连接网络。
- 若指示灯没有变为绿色常亮，说明路由器未连接上网络，请尝试重新设置。

图 6-2-8　设置 Wi-Fi 名称和密码

3. 连接上网

（1）无线连接上网

路由器成功配置并连接网络后，手机会自动重连刚设置好的 Wi-Fi，等待连接完成即可使用 Wi-Fi 上网。其他上网设备可以搜索连接路由器的 Wi-Fi 信号，正确输入 Wi-Fi 密码，连接完成后，即可使用 Wi-Fi 上网。

（2）有线连接上网

使用网线将有线上网设备（如台式电脑或者带网口的笔记本电脑）连接到路由器的 LAN 口或 WAN/LAN 口，确认网口指示灯亮起，等待片刻，无须其他操作即可上网。

任务评价

根据学习任务的完成情况，对照"观察点"列举的内容进行自评或互评。"观察点"内容可视实际情况在老师引导下拓展。

观察点	☺	😐	☹
路由器的定义			
路由器的分类			
路由器的原理			
路由器的性能指标			
路由器的安装与网络配置			

知识盘点

本任务围绕路由器的选购，主要介绍了路由器的定义、路由器的分类、路由器的原理、路由器的性能指标、路由器的安装与网络配置的相关知识。通过本任务，可以了解路由器的分类，掌握不同路由器的原理及应用场景，能够通过分析不同路由器的性能指标挑选最适合某一场景的路由器，能够安装路由器并为之配置网络。

技能拓展

认识路由器按键、接口及指示灯，以荣耀路由 X3 Pro 为例。

（1）认识按键及接口（图 6-2-9、表 6-2-1）

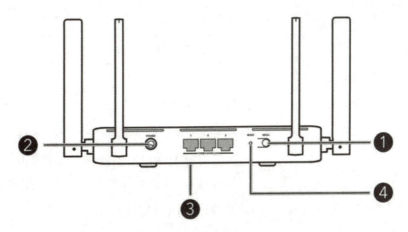

图 6-2-9　路由器接口及按键图例

表 6-2-1　路由器接口及按键功能描述表

编号	接口/按钮	描述
1	荣耀 MESH 按键	通过荣耀 MESH 按键可以将两台支持荣耀 MESH 组网的路由器一键组网扩展网络 荣耀 MESH 按键具有 WPS 按键功能。 路由器指示灯常亮时，请依次按一下路由器的荣耀 MESH 按键和其他 Wi-Fi 设备（如手机等）的 WPS 按键（2 min 内），即可连接
2	电源接口	连接电源
3	WAN/LAN 自适应接口	可连接因特网（如宽带猫、光猫等），也可连接电脑、电视盒子等。网口盲插，入户网线插任意一个网口均可以上网
4	复位孔	将路由器接通电源，稍等片刻（待路由器完成启动），使用针状物按下 RESET 复位孔，并保持 2 s 以上，指示灯熄灭后松开，待指示灯重新亮红色，即已恢复出厂设置

（2）指示灯状态及含义（图 6-2-10、表 6-2-2）

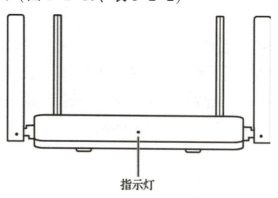

指示灯

图 6-2-10　路由器指示灯位置

表 6-2-2　路由器指示灯功能描述表

路由器状态	指示灯状态	含义
开机	绿色常亮	路由器正在启动
连网	绿色常亮	因特网已连接
	红色常亮	因特网未连接
荣耀 MESH 组网	慢闪	发现可配对的支持荣耀 MESH 组网的路由器
	快闪	与支持荣耀 MESH 组网的路由器配对中 与支持 WPS 功能的其他 Wi-Fi 设备配对中
	停止快闪，变为慢闪	荣耀 MESH 组网配对失败
	停止快闪，变为常亮	与支持荣耀 MESH 组网的路由器配对完成
升级	快闪	正在软件升级中

任务 3　认识其他办公设备

情境导入

部门主管安排小程筹备一场部门会议，会议上需要展示的纸质材料很多，为了提高效率，小程需要先把相关材料进行扫描，然后使用投影仪进行播放。小程是怎么做好会议准备的呢？让我们一起来看看吧。

知识准备

1. 什么是扫描仪

扫描仪（scanner）是一种捕获影像的装置，如图 6-3-1所示。作为一种光机电一体化的电脑外设产品，扫描仪是继鼠标和键盘之后的第三大计算机输入设备，它可将影像转换为计算机可以显示、编辑、存储和输出的数字格式，是功能很强的一种输入设备。

图 6-3-1　扫描仪

2. 扫描仪的使用

①连接扫描仪：将扫描仪连接到计算机或笔记本电脑

的 USB 接口上，打开扫描仪电源开关。

②安装驱动程序：初次使用扫描仪时，需要安装扫描仪驱动程序。安装光盘通常随附于扫描仪一起提供，也可以从厂商官网下载驱动程序，根据要求进行安装。

③校准扫描仪：将纸张放在扫描仪上，进行校准扫描。校准后可以提高扫描质量。

④打开扫描仪软件：从计算机菜单栏或桌面快捷方式打开扫描仪软件，等待软件提示扫描仪已连接。

⑤选择扫描的类型：根据需要选择类型，如文档、图片、OCR（光学字符识别）、PDF（便携式文档格式）等。

⑥设置扫描选项：根据需要设置扫描选项，如分辨率、色彩模式、裁剪、红眼校正、自动矫正等。

⑦选择扫描范围：根据需要设置并选择扫描范围，可以是整个纸张或者部分区域。

⑧预览：在开始扫描之前可以做预览，检查选择的扫描范围是否正确，是否需要调整角度等。

⑨开始扫描：设置好所有选项后，可以开始扫描。扫描完成后，文档会自动保存在硬盘中，用户可以对其进行编辑或分享。

3. 什么是投影仪

投影仪，又称投影机，是一种可以将图像或视频投射到幕布上的设备，可以通过不同的接口同计算机、VCD、DVD、BD、游戏机、DV 等相连接，播放相应的视频信号，如图 6-3-2 所示。投影仪广泛应用于家庭、办公室、学校和娱乐场所，根据工作方式不同，有 CRT、LCD、DLP、3LCD 等不同类型。

图 6-3-2　投影仪

4. 投影仪的使用

①接通电源打开镜头盖：将电源线插入投影仪和壁上插座，电源灯亮起红色。取下镜头盖。如果镜头盖保持关闭，它可能会因为投影灯泡产生的热量而导致变形。

②启动投影仪及相连设备：按投影仪或遥控器上的电源按钮启动投影仪，机身上的电源灯即开始闪烁，接通电源后，常亮红色。如有必要，旋转调焦圈调整图像清晰度。接通所有需要连接的外部设备。

③信号显示：投影仪开始搜索输入信号。屏幕上显示当前扫描的输入信号，若投影仪未检测到有效信号，屏幕上将一直显示未发现信号的信息，直至检测到输入信号。也可按投影仪或遥控器上的"信号源"按钮选择所需输入信号。

④外接笔记本电脑时的图像调试：许多笔记本在连接到投影仪时并未打开其外接视频端口（只有打开外接视频端口才能和投影仪连接）。通常，按快捷键 Fn+F3 或 Fn+CRT/LCD 可接通/关闭显示器。具体方法是在笔记本电脑上找到标识 CRT/LCD 的功能键或带显示器符号的功能键，然后同时按下 Fn 键和标识的功能键。

⑤关闭投影仪：按电源键，屏幕上将显示确认提示信息。如果未在数秒钟内响应，该信息会消失。再按一次电源键，蓝色的电源指示灯开始闪烁，然后投影仪灯泡熄灭，风扇则会继续运转大约 90 s 以冷却投影仪。冷却过程完成后，电源指示灯将常亮红色，风扇也将停止运行。

注意，若长时间不使用投影仪，请将电源线从插座上拔下；在投影仪关闭次序完成之前或在 90 s 的冷却过程中，切勿拔掉电源线。

任务分析

小程分析部门会议的筹备要求，准备工作如下：
①使用扫描仪将纸质版材料扫描成 PDF 文件。
②连接好投影仪设备。
③在召开会议前，做好投影仪的调试，提前观看投影展示效果。

任务实施

操作步骤：

第一步　扫描会议资料

6-3-1　操作视频

①打开扫描仪上盖，把要扫描的会议资料正面朝下压在下面。

②在电脑里双击"我的电脑"，在"我的电脑"里单击扫描仪图标（安装好驱动以后就有这个图标了），单击 Win10 系统屏幕左下角的 Windows 按钮，再单击"设置"→"设备"→"打印机和扫描仪"。

③在弹出的对话框中选择"扫描仪和照相机向导"，然后单击"确定"按钮。

④单击"下一步"按钮，选择图片类型"彩色照片"，纸张来源"平板"，再单击"下一

⑤输入文件名、文件格式、保存位置，单击"下一步"按钮。

⑥开始扫描，有进度条显示。

⑦扫描完，选择"什么都不做，我处理完这些照片"，单击"下一步"按钮，单击"完成"按钮。

第二步 连接投影仪

①将投影仪和电脑分别开机，确保两者都处于正常工作状态。

②将数据线的一端插入投影仪的接口，另一端插入电脑的接口。注意，数据线的类型常见有3种：VGA、HDMI、USB，注意辨识。

第三步 投影展示

根据数据线的类型，调整投影仪的输入信号源为VGA或HDMI或USB，此时电脑的画面就会在投影仪上显示。

 任务评价

根据学习任务的完成情况，对照"观察点"列举的内容进行自评或互评。"观察点"内容可视实际情况在老师引导下拓展。

观察点	☺	😐	☹
扫描仪的使用			
投影仪的连接			
投影仪的使用			

 知识盘点

本任务围绕获取纸质文件的电子版、电子文件的展示两个需求，主要介绍了扫描仪和投影仪的定义、使用的相关知识。通过本任务，可以了解扫描仪及投影仪的使用原理及应用场景，能够使用扫描仪完成文件的扫描，能够使用投影仪完成电子文件的展示。

技能拓展

投影仪正投与背投两种方式的对比。

1. 投影方式

正投即正面投影（反射式），背投即背面投影（透射式），两者的核心区别就是投影机和

202

观众在幕布位置的不同。正投就是投影机和观众在同一侧，面对投影幕布的正面，如图6-3-3所示；背投就是投影机和观众相对幕布不在同一侧，投影机在幕布的背面，如图6-3-4所示。

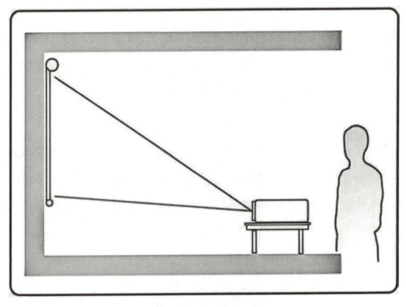

图 6-3-3　正投方式

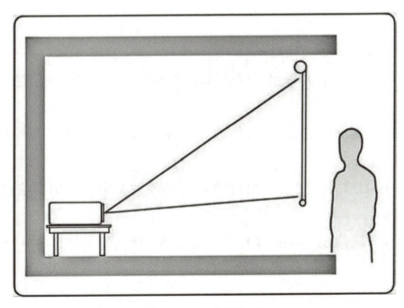

图 6-3-4　背投方式

2. 空间需求

正投和背投对于空间需求的差异比较大，因为正投时投影机和观众处于同一侧，空间上就比较节约，背投需要多出幕布背后安装投影机的空间，投影机和幕布之间有一定距离，所以空间要求比较大。从节约空间的角度，正投比背投更有优势。

3. 环境要求

正投的方式很容易受到环境光的干扰，让图像显得模糊，这种投影方式对光环境要求比较高，更适合在封闭的暗室中。背投的方式就没有这个问题，对光环境要求不高。所以，在一些环境较亮的区域，背投比正投更适合。

4. 投影面积

背投的方式受制于投影背面暗室大小的影响，投影的面积比较小，而正投的投影面积没有这方面限制，且可以定制大小。在投影面积这个角度，正投比背投会更具有优势，一些大型展馆中的多通道投影融合基本上都采用正投的方式。

5. 视觉美观

无论是多媒体展厅还是简单的互动投影应用，除了投影效果视觉体验好外，整个投影系统布置美观也是非常重要的。由于正投的方式投影机在观众同侧，各种硬件设备、线材或多或少会暴露在观众视线中，影响视觉体验；而背投的硬件设备以及布线在暗室内，观众看到的部分比较简洁清爽，背投的整个投影系统外观上较为美观。

正投和背投的方式各有优缺点，大家可以结合它们的特点，选择适合自己的投影方式。

📑 理论延伸

一、单选题

1. 打印机的主要任务是（　　　）。

A. 接收主机传送的信息，并根据主机的要求将各种文字、图形、信息通过打印头或打印装置打印到纸上

B. 将计算机的运算结果或中间结果以人所能识别的数字、字母、符号和图形等，依照规定的格式印在纸上的设备

C. 接收主机传送的信息，并根据主机的要求将各种文字、图形、信息通过显示器显示出来

D. 将计算机的运算结果或中间结果以人所能识别的数字、字母、符号和图形等，依照规定的格式显示在显示器上

2. 针式打印机的工作原理是（　　　）。

A. 主机送来的代码，驱动打印头打印一列的点阵图形

B. 主机送来的代码，驱动打印头打印一行的点阵图形

C. 主机送来的代码，驱动打印头打印一页的点阵图形

D. 主机送来的代码，驱动打印头打印一个点的图形

二、多选题

1. 以下（　　　）是衡量一台打印机性能好坏的指标。

A. 分辨率　　　　　　　　　　　　　　B. 打印速度

C. 首页打印时间　　　　　　　　　　D. 数据缓存容量

E. 墨盒数量　　　　　　　　　　　　F. 使用寿命和月打印负荷

2. 路由器的性能指标包括（　　）。

A. 背板带宽　　　　　B. 吞吐量　　　　　C. 延迟　　　　　　D. 背单台延迟

E. 并发会话数

3. 投影仪的使用步骤包括（　　）。

A. 接通电源打开镜头盖　　　　　　　　B. 启动投影机及相连设备

C. 信号显示　　　　　　　　　　　　　D. 外接笔记本电脑时的图像调试

E. 关闭投影仪

4. 扫描仪的使用步骤包括（　　）。

A. 连接扫描仪　　　　　　　　　　　　B. 安装驱动程序

C. 校准扫描仪　　　　　　　　　　　　D. 打开扫描仪软件

E. 选择扫描的类型　　　　　　　　　　F. 设置扫描选项

G. 选择扫描范围　　　　　　　　　　　H. 预览

I. 开始扫描

二、填空题

1. 针式打印机的工作原理是在打印头移动的过程中，通过_____将字符打印在对应位置的纸张上。

2. 喷墨打印机的工作原理是通过将细微的墨水颗粒_____到打印纸上而形成图形。

3. 激光打印机的工作原理是当调制激光束在硒鼓上进行横向扫描时，使鼓面感光带上电荷，墨粉经加热熔化形成文字或图像的过程中，鼓面经过带正电的墨粉时，感光部分会_____上墨粉。

4. 路由器的性能指标包括背板带宽、吞吐量、延迟、背单台延迟和_____。

5. 扫描仪是一种捕获影像的装置，可将影像转换为计算机可以显示、编辑、存储和输出的_____格式。